U0921632

无线电通信技术与信号处理

荆丽丽　黄睿　刘凌云　主编

中国纺织出版社

图书在版编目（CIP）数据

无线电通信技术与信号处理 / 荆丽丽，黄睿，刘凌云

主编 . -- 北京：中国纺织出版社，2016.12（2025.5重印）

ISBN 978-7-5180-3208-2

Ⅰ. ①无… Ⅱ. ①荆… ②黄… ③刘… Ⅲ. ①无线电通信②无线电信号—信号处理 Ⅳ. ① TN92 ② TN911

中国版本图书馆 CIP 数据核字 (2017) 第 016574 号

策划编辑：汤　浩　　**责任编辑**：汤　浩

责任设计：林昕瑶　　**责任印刷**：储志伟

中国纺织出版社出版发行

地　　址：北京市朝阳区百子湾东里 A407 号楼　　**邮政编码**：100124

销售电话：010 — 67004461　**传真**：010 — 87155801

http://www.c-textilcp.com

E — mail：faxing@c-textilcp.com

中国纺织出版社天猫旗舰店

官方微博 http://weibo.com/2119887771

河北晔盛亚印刷有限公司印刷　各地新华书店经销

2017年3月第1版　2025年5月第15次印刷

开　　本：787 × 1092　1/16　**印张**：12.75

字　　数：270 千字　**定价**：98.00 元

简　　介

近些年无线电通信技术领域引入了无线接入技术，是迅速发展起来的新技术领域，不需要传输媒介，部分接入网甚至入网的全部皆可直接采用无线传播手段代替，无论是在概念上还是技术含量上都产生了一个重大的飞跃，实现了降低成本、提高灵活性和扩展传输距离的目的。具备高度的机动性及可用性。无线电通信技术传输数字化、功能多样化、设备小型化、智能化及系统大容量化决定了其具备高度的机动性和可用性，尤其在军事构建地域通信网方面起到很大的作用。无线电通信技术虽然解决了架设传输线路线、脱离传输距离限制、传输距离远、通信灵活等的难题，但其信号容易受到干扰、影响，还有容易被截获造成了该项技术的保密性极差。无线电通信技术的缺点几百年来都是让人头疼的问题，目前全球化经济愈演愈热，其信号的稳定性与安全性上升为经济领域里关注的焦点，因此无线电通信技术的通信方法拓新成为其发展的新话题。同时，无线电通信技术越来越激烈的竞争局面促使各无线电通信运营企业积极拓新技术涵盖面，提升自身的营业水平，为市场提供更加丰富的选择，满足用户各个方面、各个层次的需求。因此，在无线电通信技术通信方法应用开发的发展潜力无穷，这就要求我们积极加快无线领域的科技进步，为无线电通信技术创新出谋划策，为全球信息化及经济全球化的通信事业贡献力量。

目录

第一章　无线电通信的起源及发展历史

一、无线电通信技术的起源

无线电通信是将需要传送的声音、文字、数据、图像等电信号调制在无线电波上，经空间和地面传至对方的通信方式，是利用无线电磁波在空间传输信息的通信方式。

利用“电”来传递消息的通信方式称为电通信，电通信一般可分为两大类：一类称为有线电通信，另一类称为无线电通信。利用无线电波传输信息的通信方式即称为无线电通信，它能传输声音、文字、数据和图像等。与有线电通信相比，不需要架设传输线路，不受通信距离限制，机动性好，建立迅速；但传输质量不稳定，信号易受干扰或易被截获，易受自然因素影响，保密性差。

1873年，英国物理学家J.C.麦克斯韦在其《电学和磁学论》一书中，总结和发展了19世纪前期对电磁现象的研究成果，从理论上证明了电磁过程在空间是以相当于光的速度传播的，光的本质是电磁波，从而建立了电磁理论。1887年德国物理学家H.R.赫兹在实验中发现了电磁波，验证了麦克斯韦的电磁理论。电磁理论的建立和电磁波的发现，为无线电通信的产生创造了条件。1895年俄国物理学家A.C.波波夫和意大利物理学家G.马可尼，分别成功地进行了无线电通信试验。

在英国，人们把麦克斯韦奉为无线电的开创人，认为他最先指出电磁波的存在。在美国，有人认为德福雷斯特是无线电之父，因为他发明了三极管，而三极管是无线电通信器材的心脏。在俄国，只承认波波夫是无线电通信的创始人。在克罗地亚及所有了解尼古拉·特斯拉的人都承认特斯拉才是无线电之父。在西方科学家的眼中，意大利人马可尼是无线电通信的发明人，他因此获得诺贝尔物理奖。在德国，人们认为赫兹才是无线电的开创者，因为他最早证明了电磁波的存在。电磁波的振动频率的单位，就是以他的姓命名的。到底是谁发明了无线电通信呢？可以这么说，无线电的发明是众多科学家共同研究的成果，也是历史发展的产物。

无线电通信的最大魅力在于，借助无线电波具有的波动传递信息的功能，人们可以省去敷设导线的麻烦，实现更加自由、更加快捷、无障碍的信息交流和沟通。从无线电波的特性来看，如同光波一样，无线电波可以反射、折射、绕射和散射传播。由于电波特性不同，有些电波能够在地球表面传播，有些能够在空间直线传播，有些能够从大气层上空反射传播，有些电波甚至能穿透大气层，飞向遥远的宇宙空间。

无线电通信所用的频率（波长），分为12个频段（波段），根据频率和波长的差异，无线电通信大致可分为长波通信、中波通信、短波通信、超短波通信和微波通信。

长波通信（3kHz ~ 30kHz）。长波主要沿地球表面进行传播（又称地波），也可在地面与电离层之间形成的波导中传播，传播距离可达几千公里甚至上万公里。长波能穿透海水和土壤，因此多用于海上、水下、地下的通信与导航业务。

中波通信（30kHz ~ 3MHz）。中波在白天主要依靠地面传播，夜间可由电离层反射传播。中波通信主要用于广播和导航业务。

短波通信（3MHz ~ 30MHz）。短波主要靠电离层发射的天波传播，可经电离层一次或几次反射，传播距离可达几千公里甚至上万公里。短波通信适用于应急、抗灾通信和远距离越洋通信。

超短波通信（30MHz ~ 300MHz）。超短波对电离层的穿透力强，主要以直线视距方式传播，比短波天波传播方式稳定性高，受季节和昼夜变化的影响小。由于频带较宽，超短波通信被广泛应用于传送电视、调频广播、雷达、导航、移动通信等业务。

微波通信（300MHz ~ 300GHz）。微波主要是以直线视距传播，但受地形、地物以及雨雪雾影响大。其传播性能稳定，传输带宽更宽，地面传播距离一般在几十公里。能穿透电离层，对空传播可达数万公里。微波通信主要用于干线或支线无线通信、移动通信和卫星通信。

经过百余年的不断发展，各种新的无线电业务不断涌现，无线电业务的种类日益增多。依据国际电联《无线电规则》，《中华人民共和国频率划分规定》共定义了43项无线电业务。

二、无线电通信的发展史

也许在西方还没有创造出上帝这个人物的时候，勤劳聪慧的中国人便已经开始享受上苍所赐予的万物世界了。公元前246年，人类历史上最为雄伟壮观的建筑——长城，出现在古代的中国版图上。而作为信息传递的代表建筑——烽火台，第一次将人类带上了无线通信的发展道路，借以光和狼烟的形式，传递给不断寻求文明进步的人们。今天，烽火台已经失去了快速传递战报的作用，而成为了古代文明发展的里程碑和见证者。

天然磁石的发现，也成为了那个时代同样具有深刻影响力的闪光点。据战国末

期成书的《管子》和《吕氏春秋》记载，我们的祖先在公元前两百多年就发现了具有吸引铁器这种神奇特性的石头，并把它进行加工，制成了可以指明方向的奇异勺子——司南。这也是历史上有记载以来，人类第一次接触磁这种看不见摸不着却又十分神奇管用的事物。后来，司南被我们的古代使节带到了欧洲，启发了欧洲人用它来指引航海。我们甚至可以认为，无线通信和天然磁的鼻祖，就是我们勤劳智慧的中国人。

历史不会总是眷顾先来者，生活在欧洲大陆上的人们在司南的基础上，对磁石开始了更为深入的探索，从而超越了中国人将其停留在指南针的认识上。后来居上这个词也许就是这么创造出来的吧。当 16 世纪末的中国人正忙于参战，保卫被日本侵略的朝鲜王国时，欧洲人已经拿起了科学的武器，开始了一场史无前例的新征程。

16 世纪末，一位拿着手术刀的英国医生吉尔伯特（威廉·吉尔伯特，WilliamGilbert，1540 ~ 1605），对物理学产生了浓厚的兴趣，并一发不可收拾地对磁石和静电开始了研究。他把所有的空闲时间都泡在了实验室里，不断拿着各种颜色的石头以及铁片贴来贴去，观察出了很多有意思的现象。最令他兴奋的是，经过相互摩擦的红色玛瑙，竟然可以将小小的纸片吸引起来，让纸片暂时摆脱了地球的吸引，而避免了苹果砸中牛顿脑袋的悲惨命运。这简直太奇妙了！

他将这些现象写成了名著《论磁》，并于 1600 年在伦敦出版。在他看来，电就是人为摩擦物质产生的静电吸引，而磁则是上帝赐予的灵物，是自然物质的天然吸引。因而他断言，电与磁是两种截然不同的现象，没有什么一致性。

他的这一论断影响了当时的很多科学家，一直到 18 世纪末期，才有所改观。在这些受他影响的科学家中，不得不提到的就是电磁学的奠基人，法国人库仑。

1777 年，还是工程师的库仑（夏尔·奥古斯丁·德·库仑，1736 ~ 1806）先生应法国科学院的悬赏，提出了在细小绳索上悬挂磁针进行指南的方法，以解决航海家们在海上航行时航海指南针指向不准的问题。库仑先生的大脑进行了快速的运转，一个闪念划过眼前。他把一根细如发丝的线一端系在了天花板梁上，另一端则是小磁针。他又拿来了另一个小磁棒，以及可以摩擦出静电的小电棒，在悬挂的小磁针面前轻轻地摆动。这一摆，就摆出了扭秤，也摆出了测量静电力与磁力的实验验证方法。浪漫的库仑难以抑制内心的激动，把发现静电力和磁力之间关系的伟大发现写在了纸上，并在 1785 年推导出了以他本人名字命名的著名电磁学定量定律——库仑定律。

库仑定律的发现在电磁学的发展历史上具有里程碑一般的作用，它把人们一直以来当作“魔力棒”的磁石以定量计算的眼光重新进行了衡量，将电磁学的研究从定性上升到了定量的科学层次上。

这一定律的发现，仍然没有推翻前人的推断。库仑曾经说，电与磁是两种完全不同的实体,它们不可能相互作用或转化。但是这一推却将电和磁这两种“完全不同”的事物通过力学建立了并不紧密的联系。

在吉尔伯特先生到工程师库仑启动电磁学基础研究的这一百七十多年中，中国已经完成了从明朝到清朝的更迭。明朝末期西方传教士的歪打正着，激发了中国知识分子对于科学的极大关注和学习。作为科学基础和潜在动力的中国哲学思想，在当时远远领先于其他国家，几乎领先超前了西方约两百年的时间，无论是唯物主义，还是唯心主义都是如此。中国的传统科学，已经开始经历自我革新的过程，展现出了前所未有的活力。而且由于遍及全国上下的知识分子对科学的热情高涨，对西方先进技术的极力引进，中国的科学正在呈现出扬长补短的振奋现状，大有超越西方科技水平的趋势。

在这一关键的化蛹为蝶阶段，明朝的中国却遇上满清这个尚处于野蛮的奴隶制阶段政权的侵略。科学文明进化的社会孕育过程被人为地终止了。这不能不说是我们这个民族的悲哀。而清朝不重视自然科学发展、不吸纳先进技术的做法，最终导致了清王朝的覆灭。中国失去了一次非常宝贵的机会，西方却在 18 世纪中后期出现了卢梭、伏尔泰、孟德斯鸠这三位伟大的启蒙思想家，促使着西方科学进一步超越自我，将古老的东方文明远远甩在了后方。

我们再回到科技活跃的西方世界。自库仑发现了那个定律以后，安培和毕奥等物理学家也认为电和磁不会有任何联系。这样的认识在 18 世纪的中期仍然是非常普遍的。然而,机会总是眷顾有准备的人。来自丹麦的奥斯特（汉斯·克里斯蒂安·奥斯特，HansChristianOersted，1777 ~ 1851）先生借助了特殊的丘比特之箭，将电与磁这对秘密恋人的心射在了一起。

奥斯特是一位多才多能的科学家，物理学、化学和哲学都是他的最爱。也正因为如此，在他的脑海中，科学的研究总是因为哲学的启迪而更加深入和坚定。受康德哲学与谢林的自然哲学的深刻影响，他一直坚信自然力是可以相互转化的，并通过他的第六感没有放弃对电与磁关系的试验研究。

不知道那时他是否知道中国的谚语：“只要功夫深，铁杵磨成针”，但却取得了无线电发展过程中历史性突破的成功。奥斯特在实验室里究竟磨没磨铁杵也许已经无法考证，但是他却真的因为一根针而成就了自己，也成就了电与磁。

1820 年的 4 月，在一次科学讲座即将结束之际，奥斯特抱着试试看的心情作了一次电流磁效应的实验。他把一条非常细的铂导线放在一根用玻璃罩罩着的小磁针

上方，接通电源的瞬间，发现磁针跳动了一下。这一跳，使有心的奥斯特喜出望外，竟激动地在讲台上摔了一跤。他并不知道，那一刻他已经成为了一个科学的媒人，通过小磁针做成的丘比特箭将电与磁这对陌生男女紧密地联系在了一起。

但是在那次实验中，磁针偏转角度太小了，而且又很不规则，这一跳并没有引起听众注意。自那天以后，细心的奥斯特花了三个月，作做了许多次实验，发现磁针在电流周围都会偏转。在导线的上方和导线的下方，磁针偏转方向相反。在导体和磁针之间放置非磁性物质，如木头、玻璃、水、松香等，却不会影响磁针的偏转。1820 年 7 月 21 日，奥斯特把这一系列的实验结果写成名为《论磁针的电流撞击实验》的论文，正式向学术界宣告他发现了电流磁效应。至此，电与磁的秘密关系通过实验的方法被揭示出来。

奥斯特的研究，促使电磁的秘密被形象地揭示出来。他的科学成就，却没有触动东方的中国。论文发表后的第 37 天，中国的道光皇帝即位了。已经落寞的清朝在当年的国民生产总值居然还是整个欧洲的 1.22 倍，却仍然不能避免 20 年后被西方各国列强侵略的命运。好了，让我们去回顾点让人开心的事情，看看电磁学说的创立吧。下一位出场的是来自英国的法拉第（迈克尔·法拉第，MichaelFaraday，1791 ~ 1867）先生。法拉第自幼家境贫寒，没有受过系统正规的教育，但却十分刻苦学习。特别是 1810 年 2 月到 1812 年 4 月，他在十六次自然哲学与科学讲座的熏陶下，燃起了进行科学研究的愿望。

1821 年在读过奥斯特关于电流磁效应的论文后，法拉第被这一新兴的学科领域深深吸引，并在不久的实验中取得了一个重大的科学成果——发现通电流的导线能绕磁铁旋转。从此，他跻身著名电学家的行列。通过奥斯特实验，他认为电与磁是一对和谐的对称现象。既然电能生磁，他坚信磁亦能生电。经过 10 年探索，历经多次失败后，1831 年 8 月 26 日奥斯特终于获得了成功。这次实验因为是用伏打电池在给一组像弹簧一样缠绕的金属线圈通电（或断电）的瞬间，在另一组线圈获得的感生电流，他称之为“伏打电感应”。同年 10 月 17 日，法拉第完成了当磁体与闭合线圈相对运动时在闭合线圈中激发电流的实验，他称之为“磁电感应”。经过大量实验后，他终于实现了“磁生电”的夙愿，宣告了电气时代的到来。

与此同时，法拉第的脑海中已经孕育着电磁波的存在以及光是一种电磁振动的杰出思想，尽管还带有一定的模糊性。为解释电磁感应现象，他对比电力线的画法，提出“磁感线”这一新概念，形象地对磁的作用方向进行了描述。同时他对当时盛行的超距作用说产生了强烈的怀疑：“一个物体可以穿过真空超距地作用于另一个物体，不要任何一种东西的中间参与，就把作用和力从一个物体传递到另一个物体，这种说法对我来说，尤其荒谬。凡是在哲学方面有思考能力的人，绝不会陷入这种谬论之中”。

1833 年，他总结了前人与自己的大量研究成果，证实当时所知摩擦电、伏打电、电磁感应电、温差电和动物电五种不同来源的电，其实是电家族的五个小兄弟。4 年后的 1837 年，他又发现电介质对静电过程的影响，提出了以近距“邻接”作用为基础的静电感应理论。不久以后，他又进一步发现了抗磁性这一新现象。在这些研究工作的基础上，法拉第形成了“电和磁作用通过中间介质从一个物体传到另一个物体的思想。”于是，介质成了“场”的场所，而他也正式将“场”这一具有历史性的概念创立出来。

开创历史的不仅仅是法拉第，还有生他养他的那片土地。1840 年，当电磁场的概念已经被人们接受的时候，西方各国也终于撬开了东方古国的大门，送进来的不是科学技术，却是火炮洋枪。他们送给了中国人另外一个“场”——战场。有人说，那时的中国注定了要被侵略，因为抛弃了科学的发展，自然要承载着愚昧所换来的巨大代价。还好，中国人终于开始明白了，依靠科学，才能让这个民族真正强大起来。而电磁学的发展，因为法拉第这位帅才而进入了新的历史高度。

正如阿尔伯特·爱因斯坦所说，引入“场”的概念，是法拉第的最富有独创性的思想，是艾萨克·牛顿以来最重要的发现。牛顿及其他学者的空间，被视作物体与电荷的容器；而法拉第的空间，是现象的容器，它参与了现象。所以我们说法拉第是电磁场学说的创始人。

法拉第如浩瀚宇宙般深邃的物理思想，强烈地吸引了同在英国的一位年轻人——来自英国苏格兰爱丁堡的麦克斯韦（詹姆斯·克拉克·麦克斯韦，JamesClerkMaxwell，1831 ~ 1879）。麦克斯韦认为，法拉第的电磁场理论比当时流行的超距作用电动力学更为合理，他抱着用严格的数学语言来描述法拉第理论的决心闯入了电磁学领域，并成为继法拉第之后集电磁学大成的伟大科学家。

麦克斯韦于 1855 年左右开始研究电磁学。在潜心研究了法拉第关于电磁学方面的新理论和思想之后，他坚信法拉第的新理论包含着真理。他在前人成就的基础上，对整个电磁现象作了系统、全面的研究，凭借他高深的数学造诣和丰富的想象力接连发表了电磁场理论的三篇论文:《论法拉第的力线》（OnFaraday’sLinesofForce，1855 年 12 月）;《论物理的力线》（OnPhysicalLinesofForce，1862 年）;《电磁场的动力学理论》（Adynamicaltheoryoftheelectromagneticfield，1864 年 12 月 8 日）。这三篇重要的论文对前人和他自己的工作进行了综合概括，将电磁场理论用简洁、对称、完美的数学形式表示出来，经后人整理和改写，成为经典电动力学的主要基础——

麦克斯韦方程组。

据此，1865 年他预言了电磁波的存在。麦克斯韦经过理论推演，认为电磁波只可能是横向传导波，并计算了电磁波的传播速度等于光速。同时，他的灵感促使自己得出一个重要结论：光是电磁波的一种形式。这揭示了光现象和电磁现象之间的联系。麦克斯韦将这些理论的论证和推导结论整理成册，于 1873 年出版了科学名著《电磁学通论》(Treatiseonelectricityandmagnetism)，系统、全面、完美地阐述了电磁场理论。这一理论成为经典物理学的重要支柱之一。

这一名著后来被传到了德国，深深打动了一位德国物理学家的心。他就是赫兹（海因里希·鲁道夫·赫兹，HeinrichRudolfHertz，1857 ~ 1894）。赫兹在柏林大学学习物理时，受赫尔姆霍兹的鼓励研究麦克斯韦电磁理论。

当时德国物理界深信韦伯的电力与磁力可瞬时传送的理论，因此赫兹就决定以实验来证实韦伯与麦克斯韦理论谁的正确。1888 年，赫兹的实验成功了，验证了电磁波的存在。而麦克斯韦理论也因此获得了无上的光彩。

赫兹在实验时曾指出，电磁波可以被反射、折射与如同可见光、热波一样的被偏振。通过实验计算，他发现电磁波的传播速度与光速相同，从而全面验证了麦克斯韦的电磁理论的正确性。

1888 年 1 月，赫兹将这些成果总结在《论动电效应的传播速度》(Ontheelectriceffectofthepropagationvelocityofmoving）一文中。赫兹实验公布后，轰动了全世界的科学界。由法拉第开创，麦克斯韦总结的电磁理论，至此才取得决定性的胜利。而无线电波也因此被命名为赫兹波。

1888 年，成为了近代科学史上的一座里程碑。赫兹的发现具有划时代的意义，它不仅证实了麦克斯韦发现的真理，更重要的是开创了无线电的新纪元。从中国人的眼界来看，这一年也是非常具有历史意义的。

1889 年，在一次著名的演说中，赫兹明确地指出，光是一种电磁现象。至此，无线电这个概念也逐渐走入了科学研究的视野，他的发现继而被应用于人类无线电事业的开拓。而这一次，上帝将他的手抚摸到了三个国家——美国、意大利和俄国，后来者居上再一次印证了中国古老的训言。

1893 年，克罗地亚尼科拉·特斯拉在美国首次公开展示了无线电通信。而具有历史意义的无线电发射，却是由俄国科学家波波夫和意大利的马可尼完成的。

1888 年，赫兹的发现激发了俄国科学家波波夫（亚历山大·斯塔帕诺维奇·波波夫，1859 ~ 1906）的研究兴趣。1889 年，他多次重复了赫兹的实验，并提出“电磁波可以用来向远处发送信号”。1894 年，波波夫改进了赫兹的实验装置，利用撒了金属粉末的检波器，通过架在高空的导线，记录了大气中的放电现象。这是世界上第一台无线电接收机。1895 年 5 月 7 日，波波夫在俄国的物理学部年会上表演了他创造的这个“雷暴指示器”。

一年后即 1896 年 3 月 24 日，波波夫又在彼得堡大学两幢相距 250 米的大楼之间表演了无线电通信，他和助手进行了一次正式的无线电传递莫尔斯电码的表演。波波夫把接收机安放在物理学会会议大厅内，他的助手把发射机安装在森林学院内。时间一到，助手沉着地把信号发射出去，波波夫这边的接收机清晰地收到信号。此时俄罗斯物理学会分会长把接收到的字母一个个地写在黑板上。最后，黑板上出现一行字母：“海因里希·赫兹”。这是世界上的第一份无线，内容是纪念赫兹这位电磁波发现者。

下面我们介绍另一位伟大的人物——马可尼（古列尔莫·马可尼，187 ~ 1937）。马可尼出生在意大利博洛尼亚市的一个中产阶级家庭。由于他的家庭十分富裕，因此他的父母专门请了家庭教师指导他学习。

马可尼对物理和电磁学有着极强的兴趣。1894 年，也就是赫兹去世的那年，马可尼刚满 20 岁，他在电气杂志上读到了赫兹的实验和洛奇的报告。从小就喜欢摆弄线圈、电铃的他，便一头钻进了对电磁波的研究中。在他看来，既然赫兹能在几米外测出电磁波，那么只要有足够灵敏的电波检测装置——检波器，也一定能在更远的地方测出电磁波。经过多次的失败，他终于迈出了可喜的第一步。

他在家中的楼上安装了发射电波的装置，楼下放置了检波器，并让检波器与电铃相接。他在楼上一接通电源，电磁波便穿过了检波器，让楼下的电铃迅速响了起来。晚上，当他的父亲看到了这个新奇的装置，把以前憋在肚子里的火气和不满都抛到了九霄云外，再也不叫他“不切实际的空想家”了。自此，他的父亲开始给儿子经济资助，让他一心搞实验。

马可尼初次体会到胜利的喜悦后，信心增强了。他大量收集资料和文章，无论这些文章的作者是有名气的还是无名气的，只要对他有用、有所启发的文章，他都耐心阅读，仔细分析。他把各家的缺点分析清楚，把各人的长处集合起来，改进自己的宝贝机器。

第二年（1895 年）夏天，马可尼又完成了一次非常成功的实验。到了秋天，实验又获得很大的进步。他把一只煤油桶展开，变成一块大铁板，作为发射的天线。把接收机的天线高挂在一棵大树上，用以增加接收信号的灵敏程度。他还发现金属碎屑可以通过一个装置牢牢抓住空中的无线电信号，因此还改进了洛奇的金属粉末检波器，使它更加卓越。马可尼在玻璃管中加入少量的银粉，与镍粉混合，再把玻

璃管中的空气排除掉。这样一来，发射端增大了功率，接收端也增加了检测电波的灵敏程度。他把发射机放在一座山岗的一侧，接收机安放在山岗另一侧的家中。当给他当助手的同伴发送信号时，他有些紧张地守候着信号接收机。突然，电铃发出了清脆的响声。这响声对他来说比动人的交响乐更悦耳动听，让他几乎跳了起来。

马可尼成功了！这次实验的距离达到 2.7 公里，出现了历史性的突破。那时，在博洛尼亚大学学习的他只有 21 岁。这在当时是一个令人惊讶的伟绩，并从此让马可尼走上了职业道路。喜讯传到了英国邮局主管工程师威廉·普尔斯的耳朵里，促使马可尼日后来到英国发展。

1896 年，马可尼抱着自己简陋的无线电来到了工业革命的中心——英国，在伦敦开始了自己的创业生涯。这一年的 6 月，他用电磁波进行了约 14.4 公里距离的无线电通信实验，再一次展现了自己的才华。

应当指出的是，马可尼和波波夫关于无线电通信的发明，都是在 1895 年到 1901 年这短短的五、六年时间内，各自独立完成的。因此，可以说，无线电应用的大门是马可尼和波波夫同时打开的。

马可尼成立公司以后，无线电的发展便进入了一个新的时代。从此不再是单兵作战，而是一群人的你思我想。智慧的火花点燃了，无线电向着更广阔范围的延展。

1897 年，波波夫奉命在俄国波罗的海舰队的一些舰艇上建立无线电通信设备。

1897 年，不用导线传送电码的无线电通信完全得到了世人的承认。此后无线电通信的距离不断加大。

1898 年，马可尼的无线首次应用于商业性通信。1898 年在英吉利海峡两岸进行无线电报跨海试验成功，通信距离为 45 公里；1899 年又建立了 106 公里距离的通信联系。

1899 年，波波夫将无线电投入军事应用，建立了 40 多公里的无线电通信网。

1900 年，马可尼正式取得由线圈和可变电容器组成的调谐回路专利权（即著名的第 7777 号专利），调谐回路被广泛地应用到各类无线电通信机。

1900 年 10 月马可尼在英国建立了一座强大的发射台，采用 10 千瓦的音响火花式电报发射机。1901 年 12 月，马可尼在加拿大用风筝牵引天线，成功地接收到了大西洋彼岸的无线电报，完成了横跨大西洋 3600 公里的无线电远距离通信。由于他的卓越贡献，1909 年诺贝尔物理学奖授予英国伦敦马可尼无线电报公司的意大利物理学家马可尼（1874 ~ 1937）和德国阿尔萨斯州斯特拉斯堡大学的布劳恩（1850 ~ 1918），以承认他们在发展无线电报上所作的贡献。

自 1903 年起，从美国向英国《泰晤士报》用无线电传递新闻，当天见报。到了

1909 年无线电报已经在通信事业上大显身手。在这以后许多国家的军事要塞、海港船舰大都装有无线电设备，无线电报成了全球性的事业。

在此期间，1904 年，当英国人 J. A. 弗莱明（约翰·安布鲁斯·弗莱明，1849 ~ 1945）发明了第一个可以确定是否有单向电流的真空二极管——“弗莱明真空管”时，一个暗示将来发展的机遇出现了。

1906 年，美国的李·德·福斯特（LeedeForest，1873 ~ 1961）在弗莱明真空管中加了一个栅格网，制成了第一个三极真空管。命名为“Audion”三极管非常有效，可以将空中的无线电波用无形的手捕捉到人们的面前，用声音的形式让无形的电磁波显现出来,从而开启了无线电正式进入通信世界的新篇章。他高兴地宣告:“我发现了一个看不见的空中帝国。”福斯特先生被美国人誉为“无线电之父”。虽然目前谁是真正的“无线电之父”的争论仍然没有停止，但这不妨碍我们向这些先驱科学家表示崇尚的敬意。

同年，第一次有声广播问世，女歌手的歌声、小提琴演奏声和讲故事的声音为那年的圣诞节抹上了一缕幸福的色彩。

而此时的中国，也逐渐受到了来自西方的影响，出版了一些无线电的刊物，促使无线电在中国的起步。1897 年 5 月 2 日，《时务报》第 25 册刊出一份由英文翻译过来的《无线》成为了无线电技术正式引入中国的开始。自此，以无线电报为代表的无线电技术拉开了经由期刊传播给清末中国人民的序幕。

无线电在这个当时人们还靠书信和昂贵的有线电话进行通信的年代，起到了革命性的作用。人们自此可以自由架设无线电通信台，完成任意两点甚至多点的通信，极大地提高了人们通信的空间，从而让马匹、信使传递命令的时代一去不返。历史车轮走进了二十世纪，无线电通信也首先在军事方面发挥了重要作用。

1914 年，第一次世界大战爆发了，无线电立即成为将军们的新宠。它使战地部队间能够快速地通信，从而加快战事移动速度，掌握主动权。但是，无线信息被加密后通过莫尔斯电码以电波形式传送出去时，也就将携带的每一个密码电文都泄露出来，这使敌方可以截取大量的、连续的战报信息。8 月 5 日，英国“泰尔哥尼亚”号船上的潜水员割断了德国在北大西洋海下的电缆。促使德方大量的通信从电缆转向了无线电。而德国因为大意无线电的作用,泄露了关键情报,而成为战争的牺牲品。

第二次世界大战开始前，无线电得到了一定程度的发展，聪明的英国人和美国人发挥了重要作用。他们发明了早期的电视和雷达，进而在二战时可以传送加密情报和摸清敌情。1941 年 12 月 7 日发生的珍珠港被袭事件，使得美国突然进入战争状态。那时，大约有六万美国人拥有无线电台执照。其中约 90% 在为其战争或相关

军事工业或教学服务。这为美国的胜利奠定了基础。

在两次世界大战期间，各国的无线电爱好者们也始终没有放弃自己的事业，而使业余无线电通信蓬勃发展起来。1945 年，战争结束了，无线电发展迎来了和平的发展时期。而另一个值得一提的应用就是广播。

1910 年，刚才提到的其中一个“无线电之父”——福斯特从纽约的大都会歌剧转播了恩里科·卡鲁索的歌唱演出。随后他播送报纸要闻，成了最早的广播简讯。一时间，“空中之声”引起了人们广泛的趣谈。

1920 年 8 月 31 日，美国底特律建立一家试验性电台，播送州长竞选新闻，被称为首次广播新闻。同年 11 月 2 日，美国业余无线电爱好者弗兰克·康拉德建造了世界上第一座广播电台。此后，法国、英国、德国、意大利和日本相继在 1921 ~ 1925 年间成立了自己的广播电台。直到今天，你仍能听到几个耳熟能详的名字：英国广播公司、日本广播协会，等等。

不久以后，中国、印度、加拿大、澳大利亚等国的无线电广播也相继问世。特别是在中国，在历经短暂的中华民国建制和漫长而苦难战乱的过程中，靠着从外国带回来和从外国人手中缴获的电台，中国人越来越离不开无线电这个朋友。广播电台和收音机甚至成为了共产党员传递秘密情报的工具，正如谍战片《潜伏》所展现给大家的一样，惊心而神奇。可以说，在这样一个时代，无论是战争时期，还是和平时期，无线电这一新事物已经被人们认可，并进入了快速发展的时期。

二战结束后，无线电的作用已经完全被人们接受了。因此，我们不得不提到一个国际组织——国际电信联盟（InternationalTelecommunicationUnion）。ITU 的历史我们不去追溯了，但自 1865 年 5 月 17 日成立以来，它一直扮演着无线电国际协调与共享的重要角色。1947 年 10 月 15 日，国际电信联盟成为联合国的一个专门机构，其总部由瑞士伯尔尼迁到了日内瓦，一直到现在都没有搬家。自那以后，无线电的发展便插上了翅膀，飞得更高，飞得更远。

早期的人们由于电子元器件的限制，只能使用 20kHz 到 30MHz 左右的短波频率完成无线电通信。但从 20 世纪 60 年代以后，人们把频率扩展到 150MHz 和 400MHz，无线电传输的质量也越来越高。同时技术上的进步——晶体管的出现，使移动电台向小型化方面大大前进了一步，效果也比以前有了明显的好转。网络的覆盖使得无线电不得不采用中继通信，以确保几千公里外无线电接收者能够享受到与无线电发射者相同的信号质量。因而，在 1939 年就显现雏形的中继通信，在 11 年后的 1950 年开始大放光彩，像流行歌曲一样在美国传播开来。随着中继系统贯穿全美，一种新的革命在静静地进行之中。让我们由衷地感谢一下加拿大的无线电爱好者朋友们吧，是他们引领了这项新革命。这就是 1978 年他们创造的分组数据交换通信技术实验。这也得益于数字计算机的发明。

1980 年 3 月，美国开始使用一种方便把人们的文字符号转换成计算机符号的 ASCII 码。而这时个人计算机开始在美国普及。个人电脑与无线电的结合，点燃了人们对分组数据交换通信和其他数据通信的狂热追求。

此时，集成电路技术、微型计算机和微处理器的快速发展，以及由美国贝尔实验室推出的蜂窝系统的概念及其理论在实际中的应用，使美国、日本等国家纷纷研制出陆地移动电话系统。可以说，这时的无线电移动通信系统真正地进入了个人领域：具有代表性的有美国的 AMPS（AdvancedMobilePhoneSystem）系统，英国的 TACS 系统，北欧（丹麦、挪威、瑞典、芬兰）的 NMT 系统、日本的 NAMTS 系统，等等。

由于无线电可移动通信的便利性，这些系统均先后投入商用。在美国、日本、英国、西德等国家开始应用汽车公用无线电话。专用移动无线电话系统也如雨后春笋般大量涌现，广泛用于公安、消防、出租汽车、新闻、调度等方面。这时，移动通信逐步走进了公众的日常生活，人们已经看到了未来个人移动通信的曙光。这时的移动通信，开始快速地向小型化、便捷化以及个人化发展。而中国在 1979 年改革开放以后，开始建设国家层面的微波干线中继传输网络，用以服务改革开放的经济建设大潮。无线电应用也从军事应用开始转向民用领域。

美国麻省理工学院教授尼葛洛庞帝（Negroponte）先生 1995 年所写的《数字化生存》（BeingDigital）描述了 20 世纪信息技术及理念的发展，同时也预示了数字化时代的即将到来。无线电的发展当然成为了数字化发展的先锋之一。由于模拟无线电通信在信号传输和数据处理上不能像排格子一样规矩，增加了信息处理的难度，同时也降低了通信效率，因此制约了无线电的发展。不过没有关系，我们还有一张王牌——数字化。

伟大的数学家们已经证明，如果将一个连续的模拟信号像切肉丁一样进行切分，那么你可以从刚出生一直切到退休，但是却只切了一个开始。这将是多么令人悲哀的一件事，真是一个“杯具”。因此，我们将模拟的无线电信号进行有限的切割，只要抓住了它的最典型特征就可以了。这样做有两个好处，一是抓住了重点，保证了质量减少有限；二是可以将有限的无线电信号用来存放更多的内容。同时，数字化的无线电在保密等方面具有独特优势。这就是为什么各个国家朝着数字化的方向发展无线电通信的原因。

20 世纪 80 年代中期，数字化革命开始了。从短波到超短波，只要能在无线通

信的某一个部分加入计算机或数字信号处理，那么这个部分就成为了数字化无线电的实践场所。

1983 年，一位数字无线电的爱好者欧文·夏洛特（OwenGarriott）带着人们的梦想，以航天员的身份坐上了航天飞机，直冲云霄。在太空中，欧文用一个 2 米的设备，从空间进行了近 300 次的短波数字无线电通信联络。这让人感到激动。

1991 年，第三代移动通信系统（3G，3rdGenerations）的概念闪现在当时仍然拿着“大哥大”通话的移动运营商面前。他们已经着手准备建立更加先进的无线通信系统了。这一次，虽然刚开始只是模拟的构想，但是经过不断的探讨，最终大家达成了一致，向数字化演进。

在那个年代，晚于西方发达国家 20 年的 BP 机在中国大地如雨后春笋般出现了。随后而来的是“大哥大”。这个电话机又大又沉，使用起来不方便，价格也不便宜，但那时的人们把它作为了身份的象征，直到现在还记忆犹新。这是移动通信系统第一次在中国大规模地应用，虽然它遵循的是国外标准，但至少中国人已经开始像 400 年前的先人一样接纳世界上最先进的技术了。

2000 年 5 月，ITU 公布了 3G 标准，但只有 WCDMA 和 CDMA2000 两种，而我国的无线电工作者还在全力以赴、夜以继日地追赶着世界的潮流，将我们的 TD-SCDMA 也纳入国际标准行列。这是一场关乎民族尊严的伟大行动，只能成功，不能失败。2003 年，中国人的努力获得了承认，ITU 公布了这个标准。2008 年 8 月，3G 网络已经开始在中国运转开来了。直到现在，我们还可以看到这个进程仍在进行之中。

在这 20 年中，数字化无线电通信在其他领域也施展着自己的才华。广播、交通、文化领域，无不因为数字革命带来的新空气而以前所未有的速度向前跨越。当你乘坐 350km/h 的高速列车，在车上给亲友拨打电话，并观看来自移动基站的北京奥林匹克运动会开幕式转播实况时，你已经完全融入了这个全新的世界。

三、无线电通信走进中国

无线电技术在中国的应用已有上百年的历史。早在 1897 年（光绪二十三年），由黄遵宪、梁启超等创办的期刊《时务报》便刊出译文——《无线》，该文介绍了 1896 年马可尼进行无线电报通信实验的情况，“无线电报”一词从此在中国出现。从清末到民国时期，无线、无线电广播等无线电业务进入中国的时间基本与国际社会同步。

1899 年年初，清政府购买了几部马可尼猝灭火花式无线电报机，安装在广州两广总督署和马口、威远等要塞以及南洋舰队各舰艇上，供远程军事指挥之用。这是无线电报业务在中国的首次使用。

1906 年，因广东琼州海缆中断，清政府在琼州和徐闻两地设立了无线电报机，开通了民用无线电报通信。这是中国民用无线电通信之始。1919 年，民国政府成立北京无线电报局，并利用无线电接收机接收欧美各国的广播新闻。1926 年 10 月，无线电专家刘瀚创办了第一个由中国人自己经营的广播电台——哈尔滨无线电广播电台。1927 年 3 月，上海新新公司开办了我国第一座商业无线电广播电台。此后，天津、北京也先后创办了广播电台。

1933 年前后，上海、杭州、济南、天津等几个大城市相继出现了业余无线电台。我国的业余无线电活动由此发端。

新中国的无线电事业，由土地革命时期的“半部电台”起家，并不断发展壮大。从艰苦卓绝的红军时期、抗日战争时期到波澜壮阔的解放战争时期，由党中央亲自领导和指挥的红色通信战士屡建奇功。回首那些艰难困苦的岁月，一部部珍贵的无线电台，一道道划过长空的红色电波，为我党、我军取得中国革命的胜利发挥了至关重要的作用。

1927 年后，中国共产党在江西井冈山建立了第一个农村革命根据地。但初创时期的红军，一开始就处于敌人的四面包围之中，各根据地之间的联系主要依靠十分不便的地下交通。

1930 年年底第一次反“围剿”，红军在江西永丰的龙岗打了个大胜仗，不但活捉了敌军 18 师师长张辉瓒，还意外获得了只能收信、不能发信的半部电台。毛泽东、朱德对缴获的电台极为重视，决定利用这半部电台起家，于 1931 年 1 月中旬成立了红一方面军总部第一个无线电队，由王诤任队长。在几次反“围剿”期间，红军各方面军又缴获了数十部国民党军队的无线电台，为红军建立中共中央无线电通信网奠定了基础。

无线电通信网的建立，使我党、我军能够随时撒得开又收得拢，赢得了军事斗争的主动权。1931 年 1 月，毛泽东、朱德明确指出：“无线电的工作，比任何局部的技术工作都更重要些。”

“横断山，路难行……战士双脚走天下，四渡赤水出奇兵……调虎离山袭金沙，毛主席用兵真如神。”《长征组歌》生动地表现了红军长征期间机动灵活的作战风格和毛泽东用兵如神的指挥艺术。长征期间，面对敌军的围追堵截，红军之所以能屡

次突出重围，其实是与无线电通信和无线电侦察工作分不开的。

1932 年 10 月，红军长征开始后，党中央和中革军委的重大战略决策几乎都通过无线电通信及时传达到各部队。中共中央及中央红军离开遵义后，曾四渡赤水河、巧渡金沙江，摆脱了几十万国民党军队的围追堵截，就是因为红军通过截获敌人的电报，完全掌握了敌人的力量部署和行踪。正因为如此，在万里征途中，红军总能在国民党军设置的包围圈中找到空隙，成功摆脱困境。

红军长征结束后，毛泽东高度评价和赞扬负责无线电技术侦察的军委二局说："没有二局，红军长征是不可想象的。有了二局，我们就像打着灯笼走夜路。"

1937 年 7 月 7 日，卢沟桥事变发生后，中国抗日民族解放战争的帷幕从此拉开。抗战期间，我党、我军根据形势的发展及战局演变，进一步加快了红色通信网的建设。

到 1940 年，华北各战区已有电台 160 余部，华中、江南各部队已有电台近 60 部，建立了以延安为中心的多个无线电专用网络和各级无线电通信网，初步建成以延安为中心，沟通党政军，辐射全国各部队、各根据地、游击区的无线电通信网络，完成了军委战略指挥通信体系的建立。同时，还先后选派上百名精通电报业务的骨干，到国统区和日占区各大城市党的秘密电台帮助开展工作，有力地配合了正面抗日战场的武装斗争。

鉴于无线电通信所肩负的重要使命和所发挥的重要作用，1941 年 10 月 10 日，毛泽东为《通信战士》题词："你们是科学的千里眼、顺风耳。"

解放战争期间，不论是党中央转战陕北，还是实施具有决定意义的三大战役，无线电通信都发挥了至关重要的作用，成为党中央运筹帷幄、掌控全国战局的杀手锏。

在转战陕北的困难时期，无线电台成为中共中央、中央军委指挥前线的唯一通信工具。在险恶的形势下，中央机关一驻扎下来，毛泽东便立即通过电台和电报指挥前线作战。

在中国革命胜利的决战阶段，毛泽东在河北平山县西柏坡的一间旧民房里，用一封封电报，统筹指挥了交错推进的辽沈、平津和淮海三大战役，创造了 142 天歼敌 154 万人的奇迹。据统计，毛泽东当年在西柏坡亲笔书写和口述的电报达 408 份，阅读的前线电报有上千份。仅在辽沈战役期间，毛泽东共拟就 77 封电报，其中指挥锦州之战的电报多达 50 余封。因此，周恩来曾感慨地说："在西柏坡，我们不发枪，不发粮，不发人，只是天天发电报！"

第二章　无线电

一、无线电简述

无线电是指在所有自由空间（包括空气和真空）传播的电磁波，是其中的一个有限频带，上限频率在300GHz（吉赫兹），下限频率较不统一，在各种射频规范书，常见的有3KHz ~ 300GHz（ITU——国际电信联盟规定），9KHz ~ 300GHz，10KHz ~ 300GHz。无线电技术的原理在于，导体中电流强弱的改变会产生无线电波。利用这一现象，通过调制可将信息加载于无线电波之上。当电波通过空间传播到达收信端，电波引起的电磁场变化又会在导体中产生电流。通过解调将信息从电流变化中提取出来，就达到了信息传递的目的。

麦克斯韦最早在他递交给英国皇家学会的论文《电磁场的动力理论》中就阐明了电磁波传播的理论基础。他的这些工作完成于1861 ~ 1865年。

1864年，英国科学家麦克斯韦在总结前人研究电磁现象的基础上，建立了完整的电磁波理论。他断定电磁波的存在，推导出电磁波与光具有同样的传播速度。1887年德国物理学家赫兹用实验证实了电磁波的存在。之后，人们又进行了许多实验，不仅证明光是一种电磁波，而且发现了更多形式的电磁波，它们的本质完全相同，只是波长和频率有很大的差别。

海因里希·鲁道夫·赫兹（HeinrichRudolfHertz）在1886 ~ 1888年首先通过试验验证了麦克斯韦的理论。他证明了无线电辐射具有波的所有特性，并发现电磁场方程可以用偏微分方程表达，通常称为波动方程。

1906年圣诞前夜，雷吉纳德·菲森登（ReginaldFessenden）在美国马萨诸塞州采用外差法实现了历史上首次无线电广播。菲森登广播了他自己用小提琴演奏“平安夜”和朗诵《圣经》片段。位于英格兰切尔姆斯福德的马可尼研究中心在1922年开播世界上第一个定期播出的无线电广播娱乐节目。

关于谁是无线电台的发明人还存在争议。1893年，尼古拉·特斯拉（NikolaTesla）在美国密苏里州圣路易斯首次公开展示了无线电通信。在为“费城富兰克林学院”以及全国电灯协会作的报告中，他描述并演示了无线电通信的基本原理。他所制作的仪器包含电子管发明之前无线电系统的所有基本要素。

古列尔莫·马可尼（GuglielmoMarconi）（又译伽利尔摩·马可尼）拥有通常被

认为是世界上第一个无线电技术的专利，英国专利 12039 号，“电脉冲及信号传输技术的改进以及所需设备”。

尼古拉·特斯拉 1897 年在美国获得了无线电技术的专利。然而，美国专利局于 1904 年将其专利权撤销，转而授予马可尼发明无线电的专利。这一举动可能是受到马可尼在美国的经济后盾人物，包括托马斯·爱迪生、安德鲁·卡耐基影响的结果。1909 年，马可尼和卡尔·费迪南德·布劳恩（KarlFerdinandBraun）由于“发明无线电报的贡献”获得诺贝尔物理学奖。1943 年，在特斯拉去世后不久，美国最高法院重新认定特斯拉的专利有效。这一决定承认他的发明在马可尼的专利之前就已完成。有些人认为作出这一决定明显是出于经济原因，这样二战中的美国政府就可以避免付给马可尼公司专利使用费。

1898 年，马可尼在英格兰切尔姆斯福德的霍尔街开办了世界上首家无线电工厂，雇佣了大约 50 人。无线电经历了从电子管到晶体管，再到集成电路，从短波到超短波，再到微波，从模拟方式到数字方式，从固定使用到移动使用等各个发展阶段，无线电技术已成为现代信息社会的重要支柱。还有俄国发明家波波夫，他在 1901 年也发明了无线电。

“嘀、嘀、嘀”三声微弱而短促的讯号，通过电波传到 2500 公里的大西洋对岸，从此向世界宣布了无线电的诞生。那是 1901 年 12 月 12 日。

在位于加拿大东南角的纽芬兰（Newfoundland）讯号山（SignalHill）的马可尼，用气球和风筝架设接收天线，终于接收到从英国西南角的宝窦（Poldhu），用大功率发射电台发送“S”字符的国际莫尔斯电码。这是有史以来第一次人类跨过大西洋的无线电通信，这个实验向世人说明了无线电再也不是仅限于实验室的新奇东西，而是一种实用的通信媒介。这一消息轰动了全球，激发了广大无线电爱好者的浓厚兴趣，推动了业余无线电运动的蓬勃发展。

虽然马可尼的试验结果令人相当振奋，可是当时一般人认为无线电行径类似光波，发射之后，绝对是呈直线前进，但从英国到加拿大，再怎么说一定是无法完成直线的无线电通信（因为地球表面是弧形的）的，当时的科学理论更证明，从英国发射后的无线电波一定直驱太空，怎么可能到达加拿大？可是从马可尼用简陋的无线电设备征服长距离通信的试验记录看来，白天，讯号可以远达 700 英里，晚间更远达 2000 英里以上，这些试验数据，使以往的理论所推展出来的必然结果，开始发生动摇了。

与此同时 KENNELLY 君及 HEAVISIDE 君不约而同地分别提出了同样的看法：就是在地球大气层中有电子层的存在，它可以像镜子般，把无线电折射回地球，而

不至于直奔太空，由于这种折射回返的讯号，才使远方的电台得以互相通信，这种对无线电波有如镜子般作用的电子层称作 KENNELLYHEAVISIDE 层，但现今一般称为电离层（lonosphre），而短波之所以如此发达就是受了电离层之赐。

从 1925 年开始，许多科学家便开始进行电离层的探堪工作，经由向电离层发射无线电脉冲讯号，然后从电离层折反的回声（Echo）中，可以了解到电离层的自然现象，所得到的结果就是：地球上空的电离层就像是一把大伞涵盖了地球，而且随着白天或夜晚或季节的变化而变动，同时发现某些频率可以穿过电离层，而有些频率则以不同角度折返地表，虽然对电离层已经掀开面纱而有了某种程度的了解，使短波的国际通信有了很大的发展，但是这 60 多年来，科学家均不放过任何继续研究电离层的机会，甚至火箭发射、人造卫星试验及最近的太空梭飞行，均设计有某些实验，以期能更进一步了解电离层，最近借超高速电脑的帮助，透过假设的模型最后希望能够像气象般，可以预测未来几天的电离层状况。

无线电的发展史，在很大程度上就是人们对各波段进行研究、运用的历史。首先被运用的是长波段，因为长波在地表激起的感生电流小、电波能量损失小，而且能够绕过障碍物。但长波的天线设备庞大、昂贵，通信容量小，这促使人们寻求新的通信波段。20 世纪 20 年代，业余无线电爱好者发现短波能传播到很远的距离。1931 年出现了电离层理论，电离层正像赫兹所说的镜子。它最适于反射短波。短波电台既经济又轻便，它在电讯和广播中得到了普遍应用。但是电离层受气象、太阳活动及人类活动的影响，使通信质量和可靠性下降，此外短波段容量也满足不了日益增长的需要。短波段为 3 ~ 30MHz，按每个短波台占 4KHz 频带计算，仅能容纳几千个电台，每个国家只能分得很有限的电台数，电视台（8MHz）就更挤不下了。从 20 世纪 40 年代开始，世界上发展了微波技术。微波已接近光频，它沿直线传播，而且能穿过电离层不被反射，所以微波需经中继站或通信卫星将它反射后传播到预定的远方。

无线电最早应用于航海中，使用摩尔斯电报在船与陆地间传递信息。现在，无线电有着多种应用形式，包括无线数据网，各种移动通信以及无线电广播等。

以下是一些无线电技术的主要应用：通信。声音广播的最早形式是航海无线电报。它采用开关控制连续波的发射与否，由此在接收机产生断续的声音信号，即摩尔斯电码。

调幅广播可以传播音乐和声音。调幅广播采用幅度调制技术，即话筒处接收的音量越大则电台发射的能量也越大。这样的信号容易受到诸如闪电或其他干扰源的干扰。

调频广播可以比调幅广播更高的保真度传播音乐和声音。对频率调制而言，话筒处接收的音量越大对应发射信号的频率越高。调频广播工作于甚高频段（VeryHighFrequency，VHF）。频段越高，其所拥有的频率带宽也越大，因而可以容纳更多的电台。同时，波长越短的无线电波的传播也越接近于光波直线传播的特性。

调频广播的边带可以用来传播数字信号如电台标识、节目名称简介、网址、股市信息等。在有些国家，当被移动至一个新的地区后，调频收音机可以自动根据边带信息自动寻找原来的频道。

航海和航空中使用的话音电台应用 VHF 调幅技术。这使飞机和船舶上可以使用轻型天线。政府、消防、警察和商业使用的电台通常在专用频段上应用窄带调频技术。这些应用通常使用 5KHz 的带宽。相对于调频广播或电视伴音的 16KHz 带宽，在保真度上不得不作出牺牲。

民用或军用高频话音服务使用短波用于船舶，飞机或孤立地点间的通信。大多数情况下，都使用单边带技术，这样相对于调幅技术可以节省一半的频带，并可以更有效地利用发射功率。陆地中继无线电（TerrestialTrunkedRadio,TETRA）是一种为军队、警察、急救等特殊部门设计的数字集群电话系统。蜂窝电话或移动电话是当前最普遍应用的无线电通信方式。蜂窝电话覆盖区通常分为多个小区。每个小区由一个基站发射机覆盖。理论上，小区的形状为蜂窝状六边形，这也是蜂窝电话名称的来源。当前广泛使用的移动电话系统标准包括：GSM，CDMA 和 TDMA。运营商已经开始提供下一代的 3G 移动通信服务，其主导标准为 UMTS 和 CDMA2000。

卫星电话存在两种形式:INMARSAT和铱星系统。两种系统都提供全球覆盖服务。INMARSAT 使用地球同步卫星，需要定向的高增益天线。铱星则是低轨道卫星系统，直接使用手机天线。通常的模拟电视信号采用将图像调幅、伴音调频并合成在同一信号中传播。数字电视采用 MPEG-2 图像压缩技术，由此大约仅需模拟电视信号一半的带宽。

无线电紧急定位信标（Emergency Position Indicating Radio Beacons, EPIRBs），紧急定位发射机或个人定位信标是用来在紧急情况下对人员或测量通过卫星进行定位的小型无线电发射机。它的作用是提供给救援人员目标的精确位置，以便提供及时的救援。

数字微波传输设备、卫星等通信常采用正交幅度调制。QAM 调制方式同时利用信号的幅度和相位加载信息。这样，可以在同样的带宽上传递更大的数据量。IEEE802.11 是当前无线局域网（WirelessLocalAreaNetwork，WLAN）的标准。它采用 2GHz 或 5GHz 频段，数据传输速率为 11Mbps 或 54Mbps。蓝牙（Bluetooth）是一种短距离无线电通信的技术。

利用主动及被动无线电装置可以辨识以及表明物体身份。业余无线电是无线电爱好者参与的无线电台通信。业余无线电台可以使用整个频谱上很多开放的频带。爱好者使用不同形式的编码方式和技术。有些后来商用的技术，如调频，上边带调幅，数字分组无线电和卫星信号转发器，都是由业余爱好者首先应用的。

无线电波含有迅速振动的磁场。振动的速度就是波的频率，以赫兹（Hz）为单位。1 赫兹等于每秒振动一下。一千赫（kHz）等于 1000 赫兹。不同频率的波段用来发射各种不同的信息。

从 19 世纪 30 年代以后，随着科学技术的发展，军事通信技术和手段产生了一系列根本性的革命。1837 年美国人莫尔斯发明了最早的电磁式电报机和点划组合的莫尔斯电码，引发了军事通信发展史上的第一次技术革命；1895 年意大利人马克尼和俄国人波波夫成功地进行了无线电通信试验，引发了军事通信发展史上的第二次技术革命；两次世界大战之间，无线电通信技术实现了三大突破：1923 年实现了短波通信；1931 年实现了微波通信；1936 年建立了超短波接力通信；1957 年前苏联率先发射第一颗人造地球卫星之后，军事通信便进入了卫星太空通信时代。尤其伴随集成电路技术的一系列革命以及后来计算机、通信卫星和网络技术的崛起和空前发展，使人类信息技术实现了世纪大飞跃，成为单兵作战武器平台的战斗力倍增器。

定位现代战场的 GPS，20 世纪，美国曾在“星球大战计划”中开始建立 GPS 系统。如今，地球上任何一点、任何时刻都可以接收到来自太空轨道的卫星信号，且三维定位精度、速度精度、时间精度等空前提高。直到今日，新的定位系统在美军采取的多项军事行动中均发挥了重要作用。通过 GPS 系统，各指挥机构能时刻掌握前方部队执行任务的位置，单兵可以凭借自身的信息平台在面临危险时迅速向求援部队报告自己的准确方位，及时请求紧急空中支援；空中待命的支援战机，可以快速、准确地提供高精度救援。1995 年，俄罗斯完成了自己的太空定位工程计划，从而使单兵作战能力有了显著提高。据悉，欧洲联盟新近也投巨资启动了“伽利略”卫星导航系统，该计划将于 2008 年建成并投入使用。

单兵武器作战平台的信息系统大都采用小型电脑和无线电子系统构成，它使用微型的全球定位系统卫星接收机，通过电脑提供士兵所在的具体位置，同时可提供其他士兵所在位置，使士兵之间可以互相配合作战，使战场态势尽收眼底，“一目了然”。目前，由于综合导向技术取得突破，从而克服了全球定位系统易受障碍物阻挡和无线电干扰所造成的信号丢失。

1983 年，美国的哥伦比亚号航天飞机执行 STS–09 任务，SAREX 小组促成了

W5LFL/欧文加利特（OwenGarriott）成为第一个在太空中业余无线电的宇航员。欧文当时使用的是一台 Motorola2 米 FM 对讲机和一副安装在窗户上的天线。“这里是 W5LFL 在哥伦比亚号航天飞机上呼叫…”，欧文在 STS-09 航天飞机任务中的业余时间，与地球上的业余无线电台进行了上百个 QSO，开创了业余无线电联络在人类宇航中的历史。从那以后，各国的业余无线电小组，其中以美国的 SAREX，德国的 SAFEX，俄罗斯的 MIREX 为核心的队伍，不断地发展在美国的航天飞机、俄罗斯的和平号太空站上的业余无线电通信设备。

二、长波通信

长波通信（long-wavecommunication）是利用波长长于 1000 米（频率低于 300KHz）的电磁波进行的无线电通信，亦称低频通信。它可细分为在长波（波长 10 ~ 1000 米），甚长波（100km ~ 10km），超长波（10000km ~ 1000km）和极长波（1 ~ 10 万公里）波段的通信。

长波通信的历史，可追溯到 1901 年意大利物理学家 G. 马可尼进行的跨越大西洋的越洋通信试验。1925 年后，由于发现短波能靠电离层反射进行远距离传播，才逐步用短波通信取代一般的长波通信。第二次世界大战中，因对潜艇通信的需要，而又重视发展长波通信。随着导弹、核武器的发展，导致越来越多的军事设施转入地下，长波地下通信将是保障地下指挥所和坑道间应急通信的重要手段。

长波通信是指利用波长长于 1km（频率低于 300kHz）的电磁波进行的无线电通信。在 1899 ~ 1901 年，意大利人 G. 马可尼实现远距离无线电通信之前，就使用了长波通信。它可以细分为在长波、甚长波、超长波和极长波波段的通信。

长波波段通信也称低频（LF）通信。长波指波长范围为 10 ~ 1km（频率为 30 ~ 300kHz）的电磁波。长波主要用地波形式传播。天波虽可由电离层反射，传播较远，但电离层吸收强，且低层参数变化大，极不稳定，只会导致干涉和衰落；地波传播主要与大地的导电率有关，传播比较稳定，在陆地一般传播距离为几十到几百公里，当天波、地波同时存在时会产生干涉现象。地波在海面上传播时，海水导电率高，衰减较小，传播距离比陆地要远得多，可达数百到数千公里。在频段高端（150 ~ 300kHz），大气噪声较小，天线效率较高，可通电话和电报，被广泛用于海上通信，有的国家也用于广播。长波具有穿透岩石和土壤的能力，也用于地下通信，在频段低端（30 ~ 60kHZ），电磁波能穿透一定深度的海水，可以用于对水

下舰艇的通信；但因频带窄，只能通电报或低速数据，频率为 100kHz 的电磁波，被用于传播罗兰 C 导航信号、标准时间和标准频率的信号。

甚长波通信也称甚低频（VLF）通信。甚长波指波长范围为 100km ~ 10km（频率为 3 ~ 30kHz）的电磁波。甚长波通信通常使用 10 ~ 30kHz 频段。甚长波的波长比长波更长，传播衰减更小，在远距离通信时主要靠大地与低电离层间形成的波导进行传播，距离可达数千公里乃至覆盖全球。波导传播中也存在多缝干涉现象，虽带来幅度、相位等波动，但这一频段的电磁波传播比较稳定，受电离层骚扰和高空核爆炸的影响较小，通信可靠。

甚长波穿透海水能力较强，适用于对水下舰艇的远距离通信、海面舰艇的通信以及时间和频率标准的广播。10kHz 左右的甚长波也被用于传播奥米加无线电导航信号。这一频段大气噪声干扰大、波长长、天线效率较低，发信机功率较大（一般从十几千瓦到数兆瓦），天线尺寸也很大。甚长波通信的特点是系统庞大、占地广、功率大、造价高、天线回路 Q 值高、天线电压高、通带较窄，只能通电报或低速数据，速率一般为数十波特。

超长波通信也称超低频（SLF）通信。超长波指波长范围为 10000km 至 1000km（频率为 30 ~ 300Hz）的电磁波。国外习惯称这一频段为极低频（ELF），至今仍有沿用；国际电信联盟正式划定这一频段为 SLF。这一频段的电磁波传播十分稳定，在海水中衰减很小（频率 75Hz 时衰减约为 0.3dB/m），对海水穿透能力很强，可深达 100m 以上，75Hz 频率的电磁波在陆地上传播衰减也只有 1.3dB/1000km。这一频段可用于对远距离和在大深度下航行的战略导弹核舰艇的通信。由于波长很长（75Hz 波长为 4000km），发射天线由长达数十甚至上百公里的两端接地的导线组成（埋地或低架），并选用花岗岩等导电率极低的地区做发信场地。

当电流流经地层形成回路时，因导电率很低，其集肤深度很深，从而形成一个等效环形发射天线，其辐射图呈 8 字形，利用相互垂直的两根导线可形成全向天线。天线效率很低，（即使发信机为兆瓦级，辐射功率也仅有几瓦）。在接收端还需采用许多先进技术，如 MSK（最小移频键控）调制和卷积编码序列译码等，并用计算机对接收信号进行处理以获取在很低信噪比条件下检测到微弱信号的效果。通信速率很低，一个码元长达三十多秒，只能发很简短的报文。有时这种通信只起到“振铃”作用，舰艇在深水中收到信号就上浮到一定深度再用甚长波接收岸上发来的正式报文。

极长波通信也称极低频（ELF）通信。极长波指波长长于 10 万公里（频率 5 ~ 30Hz）的电磁波。这一频段的电磁波在陆地和海水中传播衰减都很小，用于对数百米海水下的舰艇进行通信是很有前途的，但因波长太长，用一般常规技术很难实现。

三、中波通信

中波是指频率为 300kHz-3MHz 的无线电波。中波靠地面波和天空波两种方式进行传播。在传播过程中，地面波和天空波同时存在，有时会给接收造成困难，故传输距离不会很远，一般为几百公里。主要用作近距离本地无线电广播、海上通信，无线电导航及飞机上的通信等。

中波能以表面波或天波的形式传播，这一点和长波一样。但长波穿入电离层极浅，在电离层的下界面即能反射，中波较长波频率高，故需要在比较深入的电离层处才能发生反射。波长在 3000 ~ 2000m 的无线电通信，用无线或表面波传播，接收场强都很稳定，可用以完成中波能以表面波或天波的形式传播，可用以完成可靠的通信，如船舶通信与导航等。波长在 2000 ~ 200m 的中短波主要用于广播，故此波段又称广播波段。

中波广播（MW:MediumWave）采用了调幅（AmplitudeModulation）的方式，在不知不觉中，MW 及 AM 之间就划上了等号。实际上 MW 只是诸多利用 AM 调制方式的一种广播。像在高频（3 ~ 30MHz）中的国际短波广播所使用的调制方式也是 AM,甚至比调频广播更高频率的航空导航通讯(116 ~ 136MHz)也是采用 AM 的方式，只是我们日常所说的 AM 波段指的就是中波广播（MW)，中波传播的途径主要是靠地波，只有一小部分以天波形式传播。无线电波碰到导体时，就会在导体中产生感应电流，从而损耗掉一部分能量。这种使电波能量变弱的现象，叫作对电波的吸收。大地是导体，对中波的吸收较强，故以地波形式传播的中波传播不远（约二三百公里)。白天，由于阳光照射，电离层密度增大，使电离层变成良导体，致使以天波形式传播的一小部分中波进入电离层就被强烈吸收，难于返回地面，加之以地波形式传播的中波又被大地吸收而传播不远，于是就造成白天难以收到远处的中波电台。到了夜间，大气不再受阳光照射，电离层中的电子和离子相互复合而显著增加，故电离层变薄，密度变小，导电性能变差，对电波的吸收作用也大大地减弱。这时，中波就可以通过天波途径，传送到较远的地方。于是夜间收到的中波电台就多了。

四、短波通信

短波通信是波长在 100 m ~ 10 m之间，频率范围 3 ~ 30MHz 的一种无线电通信技术。

短波通信发射电波要经电离层的反射才能到达接收设备，通信距离较远，是远程通信的主要手段。由于电离层的高度和密度容易受昼夜、季节、气候等因素的影响，所以短波通信的稳定性较差，噪声较大。但是，随着技术进步，特别是自适应技术、猝发传输技术、数字信号处理技术、差错控制技术、扩频技术，超大规模集成电路技术和微处理器的出现和应用，使短波通信进入了一个崭新的发展阶段，在1988 年短波通信设备的销售额达到了其历史最高水平。同时短波通信设备使用方便，组网灵活，价格低廉，抗毁性强等固有优点，仍然是支撑短波通信战略地位的重要因素。

尽管新型无线电通信系统不断涌现，短波这一古老和传统的通信方式仍然受到全世界普遍重视，不仅没有淘汰，还在不断快速发展。因为它有着其它通信系统不具备的优点。

首先，短波是唯一不受网络枢钮和有源中继体制约的远程通信手段，如果发生战争或灾害，各种通信网络都会受到破坏，卫星也会受到攻击。无论哪种通信方式，其抗毁能力和自主通信能力与短波无法媲美。

其次，在山区、戈壁、海洋等地区，超短波覆盖不到，主要依靠短波。另外，与卫星通信相比，短波通信不用支付话费，运行成本低。由于短波频率在 3 ~ 30MHz，所以它主要利用电离层反射传播，传播距离环绕地球。

短波通信系统由发信机、发信天线、收信机、收信天线和各种终端设备组成。发信机前级和收信机现已全固态化、小型化。发信天线多采用宽带的同相水平，菱形或对数周期天线，收信天线还可使用鱼骨形和可调的环形天线阵。终端设备的主要作用是使收发支路的四线系统与常用的二线系统衔接时，增加回声损耗防止振鸣，并提供压扩功能。

五、超短波通信

利用 30 ~ 300MHz 波段的无线电波传输信息的通信。由于超短波的波长在1 ~ 10m 之间，所以也称米波通信，主要依靠地波传播和空间波视距传播。整个超短波的频带宽度有 270MHz，是短波频带宽度的 10 倍。由于频带较宽，因而被广泛应用于电视、调频广播、雷达探测、移动通信、军事通信等邻域。

利用 1 ~ 10m 波长的电磁波进行视距传输的一种。超短波波段相当于 30 ~ 300MHz 的甚高频段，所以超短波通信也叫甚高频通信。视距传输是指在视距范围内直射波的传播。当通信距离超过视距时，则利用中继站进行接力通信。1931 年利用超短波跨越英吉利海峡通话得到成功。1934 年在英国和意大利开始利用超短波频段进行多路（6 ~ 7 路）通信。1940 年德国首先应用超短波中继通信。中国于 1946 年开始用超短波中继电路，开通 4 路电话。中华人民共和国成立后，又增建一些跨越江河及沿海岛屿间的超短波电路。

超短波通信系统由终端站和中继站组成。终端站装有发射机、接收机、载波终端机和天线。中继站则仅有通达两个方向的发射机和接收机，以及相应的天线。

一般采用间接调频法，即利用调相获得调频的方法。这样可用频率稳定度较高的晶体振荡器作主振器，而不必用复杂的频率控制系统。但为了减弱寄生调幅和非线性失真，调制系数不能太大（一般小于 0.5 弧度）。因此，在这种发射机中要用多级倍频器，以获取所需的频偏，从而提高发射频率的边带功率。发射机的末级使用丙类功率放大器，效率较高。在超短波频段尚可用集中参数元件构成调谐回路，其高频端可用微带部件。

一般是典型的调频式超外差接收机。主要由高频放大、本地振荡、变频（一次或二次）、中频放大、限幅、鉴频及基带放大等部件组成。超短波段外来干扰较多，须在接收机输入端加螺旋式滤波器，在中放级加输入带通滤波器以抑制干扰。中放后的调频信号，通过限幅器，可削去混杂进来的脉冲干扰或寄生调幅波，以改善信噪比，然后用鉴频器把原来的基带信号恢复出来，加以放大，再由载波终端机分路输出给用户。

将超短波发射机和超短波接收机的旧线基带信号分路还原合并为多路二线话音信号，接通用户或接至市话交换机的设备。载波终端机只装在超短波终端站。

由于超短波波长较短，一般采用结构简单、增益较高、方向性较好的三单元或五单元八木天线。在接近微波段的高频端，也可采用角形反射面天线等。

超短波通信利用视距传播方式，比短波天波传播方式稳定性高，受季节和昼夜变化的影响小。天线可用尺寸小、结构简单、增益较高的定向天线。这样，可用功率较小的发射机。

超短波频率较高，频带较宽，能用于多路通信。调制方式通常用调频制，可以得到较高的信噪比。通信质量比短波好。

频段宽，通信容量大；视距以外的不同网络电台可以用相同频率工作，不会互相干扰；可用方向性较强的天线，有利于抗干扰；受昼夜和季节变化的影响小，通信较稳定。通信距离较近；受地形影响较大，电波通过山岳、丘陵、丛林地带和建筑物时，会被部分吸收或阻挡，使通信困难或中断。主要是：设备全固态化，更多地采用集成电路。采用太阳能电池等新能源。提高抗干扰性能，压缩频带。研制无人中继设备。

六、微波通信

微波通信（MicrowaveCommunication），是使用波长在1mm ~ 1m的电磁波——微波进行的通信。该波长段电磁波所对应的频率范围是300MHz(0.3GHz)~ 300GHz。

与同轴电缆通信、光纤通信和卫星通信等现代通信网传输方式不同的是，微波通信是直接使用微波作为介质进行的通信，不需要固体介质，当两点间直线距离内无障碍时就可以使用微波传送。利用微波进行通信具有容量大、质量好并可传至很远的距离，因此是国家通信网的一种重要通信手段，也普遍适用于各种专用通信网。

1mm（频率为0.3GHz ~ 3THz）的电磁波进行的通信。包括地面微波接力通信、对流层散射通信、卫星通信、空间通信及工作于微波波段的移动通信。微波通信具有可用频带宽、通信容量大、传输损伤小、抗干扰能力强等特点，可用于点对点、一点对多点或广播等通信方式。

中国微波通信广泛应用L、S、C、X诸频段，K频段的应用尚在开发之中。由于微波的频率极高，波长又很短，其在空中的传播特性与光波相近，也就是直线前进，遇到阻挡就被反射或被阻断，因此微波通信的主要方式是视距通信，超过视距以后需要中继转发。一般说来，由于地球曲面的影响以及空间传输的损耗，每隔50公里左右，就需要设置中继站，将电波放大转发而延伸。这种通信方式，也称为微波中继通信或称微波接力通信。长距离微波通信干线可以经过几十次中继而传至数千公里仍可保持很高的通信质量。

微波的发展是与无线通信的发展分不开的。1901年马克尼使用800KHz中波信号进行了从英国到北美纽芬兰的世界上第一次横跨大西洋的无线电波的通信试验，开创了人类无线通信的新纪元。无线通信初期，人们使用长波及中波来通信。20世纪20年代初人们发现了短波通信，直到20世纪60年代卫星通信的兴起，它一直是国际远距离通信的主要手段，并且对目前的应急和军事通信仍然很重要。

用于空间传输的电波是一种电磁波，其传播的速度等于光速。无线电波可以按照频率或波长来分类和命名。我们把频率高于 300MHz 的电磁波称为微波。由于各波段的传播特性各异，因此，可以用于不同的通信系统。例如，中波主要沿地面传播，绕射能力强，适用于广播和海上通信。而短波具有较强的电离层反射能力，适用于环球通信。超短波和微波的绕射能力较差，可作为视距或超视距中继通信。

1931 年在英国多佛与法国加莱之间建起世界上第一条微波通信电路。第二次世界大战后，微波接力通信得到迅速发展。1955 年对流层散射通信在北美试验成功。20 世纪 50 年代开始进行卫星通信试验，60 年代中期投入使用。由于微波波段频率资源极为丰富，而微波波段以下的频谱十分拥挤，为此移动通信等也向微波波段发展。此外数字技术及微电子技术的发展，也促进了微波通信逐步从模拟微波通信向数字微波通信过渡。

微波通信是 20 世纪 50 年代的产物。由于其通信的容量大而投资费用省（约占电缆投资的五分之一），建设速度快，抗灾能力强等优点而取得迅速的发展。20 世纪 40 年代至 50 年代产生了传输频带较宽，性能较稳定的微波通信，成为长距离、大容量地面干线无线传输的主要手段，模拟调频传输容量高达 2700 路，也可同时传输高质量的彩色电视，而后逐步进入中容量乃至大容量数字微波传输。自 20 世纪 80 年代中期以来，随着频率选择性色散衰落对数字微波传输中断影响的发现以及一系列自适应衰落对抗技术与高状态调制与检测技术的发展，使数字微波传输产生了一个革命性的变化。特别应该指出的是 20 世纪 80 年代至 90 年代发展起来的一整套高速多状态的自适应编码调制解调技术与信号处理及信号检测技术的迅速发展，对现今的卫星通信，移动通信，全数字 HDTV 传输，通用高速有线 / 无线的接入，乃至高质量的磁性记录等诸多领域的信号设计和信号的处理应用，都起到了重要的作用。

国外发达国家的微波中继通信在长途通信网中所占的比例高达 50% 以上。据统计美国为 66%，日本为 50%，法国为 54%。我国自 1956 年从东德引进第一套微波通信设备以来，经过仿制和自发研制过程，已经取得了很大的成就，在 1976 年的唐山大地震中，在京津之间的同轴电缆全部断裂的情况下，六个微波通道全部安然无恙。20 世纪 90 年代的长江中下游的特大洪灾中，微波通信又一次显示了它的巨大威力。在当今世界的通信革命中，微波通信仍是最有发展前景的通信手段之一。

微波站的设备包括天线、收发信机、调制器、多路复用设备以及电源设备、自动控制设备等。为了把电波聚集起来成为波束，送至远方，一般都采用抛物面天线，其聚焦作用可大大增加传送距离。抛物面天线是一种将在电磁波谱上的超高频 / 特

高频用于无线电、电视、数据通信的高增益反射天线，也常被用来做无线电定位（雷达）。

多个收发信机可以共同使用一个天线而互不干扰，中国现用微波系统在同一频段同一方向可以有六收六发同时工作，也可以八收八发同时工作以增加微波电路的总体容量。多路复用设备有模拟和数字之分。模拟微波系统每个收发信机可以工作于 60 路、960 路、1800 路或 2700 路通信，可用于不同容量等级的微波电路。数字微波系统应用数字复用设备以 30 路电话按时分复用原理组成一次群，进而可组成二次群 120 路、三次群 480 路、四次群 1920 路，并经过数字调制器调制于发射机上，在接收端经数字解调器还原成多路电话。最新的微波通信设备，其数字系列标准与光纤通信的同步数字系列（SDH）完全一致，称为 SDH 微波。这种微波设备在一条电路上，八个束波可以同时传送三万多路数字电话电路（2.4Gbit/s）。

微波按波长不同可分为分米波、厘米波、毫米波及亚毫米波，分别对应于特高频 UHF（0.3 ~ 3GHz）、超高频 SHF（3 ~ 30GHz）、极高频 EHF（30 ~ 300GHz）及至高频 THF（300GHz ~ 3THz）。其中 L 频段以下适用于移动通信。S 至 Ku 频段适用于以地球表面为基地的通信，包括地面微波接力通信及地球站之间的卫星通信，其中 C 频段的应用最为普遍，毫米波适用于空间通信及近距离地面通信。为满足通信容量不断增长的需要，已开始采用 K 和 Ka 频段进行地球站与空间站之间的通信。60GHz 的电波在大气中衰减较大，适宜于近距离地面保密通信。94GHz 的电波在大气中衰减很少，适合于地球站与空间站之间的远距离通信。

微波通信系统由发信机、收信机、天馈线系统、多路复用设备、及用户终端设备等组成。其中，发信机由调制器、上变频器、高功率放大器组成，收信机由低噪声放大器、下变频器、解调器组成；天馈线系统由馈线、双工器及天线组成。用户终端设备把各种信息变换成电信号。多路复用设备则把多个用户的电信号构成共享一个传输信道的基带信号。在发信机中调制器把基带信号调制到中频再经上变频变至射频，也可直接调制到射频。在模拟微波通信系统中，常用的调制方式是调频；在数字微波通信系统中，常用多相数字调相方式，大容量数字微波则采用有效利用频谱的多进制数字调制及组合调制等调制方式。发信机中的高功率放大器用于把发送的射频信号提高到足够的电平，以满足经信道传输后的接收场强。收信机中的低噪声放大器用于提高收信机的灵敏度；下变频器用于中频信号与微波信号之间的变换以实现固定中频的高增益稳定放大；解调器的功能是进行调制的逆变换。微波通信天线一般为强方向性、高效率、高增益的反射面天线，常用的有抛物面天线、卡塞格伦天线等，馈线主要采用波导或同轴电缆。在地面接力和卫星通信系统中，还需以中继站或卫星转发器等作为中继转发装置。

微波通信中电波所涉及的媒质有地球表面、地球大气（对流层、电离层和地磁场等）及星际空间等。按媒质分布对传播的作用可分为：连续的（均匀的或不均匀的）介质体，如对流层、电离层等，及离散的散射体，如雨滴、冰雷、飞机及其他飞行物等。微波通信中的电波传播，可分为视距传播及超视距传播两大类。

视距传播时，发射点和接收点双方都在无线电视线范围内，利用视距传播的有地面微波接力通信、卫星通信、空间通信及微波移动通信。其特点是信号沿直线或视线路径传播，信号的传播受自由空间的衰耗和媒质信道参数的影响。例如地—地传播的影响包括地面、地物对电波的绕射、反射和折射，特别是近地对流层对电波的折射、吸收和散射；大气层中水气、凝结体和悬浮物对电波的吸收和散射。它们会引起信号幅度的衰落，多径时延，传波角的起伏和去极化（即交叉极化率的降低）等效应。在地—空和空—空视距传播中，主要考虑大气和大气层中沉降物的影响，而地面、地物和近地对流层对地—空、空—空传播的影响则比对地面视距传播的影响小，有时可以忽略不计。

对流层超视距前向散射传播是利用对流层近地折射率梯度及介质的随机不连续性对入射无线电波的再辐射将部分无线电波前向散射到超视距接收点的一种传播方式。前向散射衰耗很大，且衰落深度远大于地面视距微波通信，从而使可用频带受到限制，但站距则可远大于地面视距通信。

根据通信方式和确定信道主要性质的传输媒质的不同，微波通信可分为大气层视距地面微波通信、对流层超视距散射通信、穿过电离层和外层自由空间的卫星通信，以及主要在自由空间中传播的空间通信。按基带信号形式的不同，微波通信可分为主要用于传输多路载波电话、载波电报、电视节目等的模拟微波通信，以及主要用于传输多路数字电话、高速数据、数字电视、电视会议和其他新型电信业务的数字微波通信。

利用微波视距传播以接力站的接力方式实现远距离微波通信，也称微波中继通信。微波接力系统由两端的终端站及中间的若干接力站组成，为地面视距点对点通信。各站收发设备均衡配置，站距约 50km，天线直径 1.5 ~ 4m，半功率角 3 ~ 5°，发射机功率 1 ~ 10W，接收机噪声系数 3 ~ 10dB（相当噪声温度 290 ~ 261K），必要时二重分集接收。模拟调频微波容量可达 1800 ~ 2700 路，数字多进制正交调幅微波容量可达 144Mbit/s。设备投资和施工费用较少，维护方便；工程施工与设备安装周期较短，利用车载式微波站，可迅速抢修沟通电路。

利用对流层中媒质的不均匀体的不连续界面对微波的散射作用实现的超视距无

线通信。常用频段为 0.2 ~ 5GHz，为地面超视距点对点通信。跨距数百公里，大型广告牌（抛物面）天线等效直径可达 30 ~ 35m，射束半功率角 1 ~ 2°，有孔径介质耦合损耗，发射机功率 5-50kW，四重分集接收，容量数十话路至百余话路。对流层散射通信一般不受太阳活动及核爆炸的影响，可在山区、丘陵、沙漠、沼泽、海湾岛屿等地域建立通信电路。

地球站之间利用人造地球卫星上的转发器转发信号的无线电通信，为地一空视距多址通信系统，卫星中继站受能源和散热条件的限制，故地—空设备偏重配置。同步卫星系统，空间段单程大于 3.6 万公里，地面站天线直径 15 ~ 32m，增益 60dB，射束半功率角 0.1 ~ 1°，需要自动跟踪，发射机功率 0.5 ~ 5kW。卫星中继站，下行全球波束用喇叭天线，点波束用抛物面天线，可借助波束分隔进行频率再用。转发器功率数十瓦，带宽一般为 36MHz，容量 5000 ~ 10000 话路。卫星通信覆盖面广，时延长，信号易被截获、窃听甚至干扰。一种容量较小的可适用于稀路由的甚小天线地球站（VSAT）适用于数据通信。

利用微波在星体（包括人造卫星、宇宙飞船等航天器）之间进行的通信。它包括地球站与航天器、航天器与航天器之间的通信，以及地球站之间通过卫星间转发的卫星通信。地球站与航天器之间的通信分近空通信与深空通信。在深空通信时，为了实现从高噪声背景中提取微弱信号，需采用特种编码和调制、相干接收和频带压缩等技术。

通信双方或一方处于运动中的微波通信，分陆上、海上及航空三类移动通信。陆上移动通信多使用 150MHz，450MHz 或 900MHz 的频段，并正向更高频段发展。海上、航空及陆上移动通信均可使用卫星通信。海事卫星可提供此种移动通信业务。低地球轨道（LEO）的轻卫星将广泛用于移动通信业务。

微波通信由于其频带宽、容量大可以用于各种电信业务的传送，如电话、电报、数据、传真以及彩色电视等均可通过微波电路传输。微波传输也会受到很多外界因素的干扰而衰落。从衰落的物理因素来看，可以分成以下几种类型：对抗这些衰落的技术有自适应均衡、自动发信功率控制（ATPC）、前向纠错（FEC）和分集接收技术等。

微波通信具有良好的抗灾性能，对水灾、风灾以及地震等自然灾害，微波通信一般都不受影响。但微波经空中传送，易受干扰，在同一微波电路上不能使用相同频率于同一方向，因此微波电路必须在无线电管理部门的严格管理之下进行建设。此外，由于微波沿直线传播的特性，在电波波束方向上，不能有高楼阻挡，因此城市规划部门要考虑城市空间微波通道的规划，使之不受高楼的阻隔而影响通信。

中国开发成功点对多点微波通信系统，其中心站采用全向天线向四周发射，在周围50公里以内，可以有多个点放置用户站，从用户站再分出多路电话分别接至各用户使用。其总体容量有100线、500线和1000线等不同的容量的设备，每个用户站可以分配十几或数十个电话用户，在必要时还可通过中继站延伸至数百公里外以供用户使用。这种点对多点微波通信系统对于城市郊区、县城至农村村镇或沿海岛屿的用户、分散的居民点也十分合用，较为经济。

微波通信还有“对流层散射通信”、“流星余迹通信”等，是利用高层大气的不均匀性或流星的余迹对电波的散射作用而达到超过视距的通信，这些系统，在中国应用较少。

微波的基本性质通常呈现为穿透、反射、吸收三个特性。对于玻璃、塑料和瓷器，微波几乎是穿越而不被吸收。对于水和食物等就会吸收微波而使自身发热。而对金属类东西，则会反射微波。

微波比其他用于辐射加热的电磁波如红外线、远红外线等波长长。微波透入介质时，由于介质损耗引起的介质温度的升高，使介质材料内部、外部几乎同时加热升温，形成体热源状态，大大缩短了常规加热中的热传导时间，且在条件为介质损耗因数与介质温度呈负相关关系时，物料内外加热均匀一致。

物质吸收微波的能力，主要由其介质损耗因数来决定。介质损耗因数大的物质对微波的吸收能力就强，相反，介质损耗因数小的物质吸收微波的能力就弱。由于各物质的损耗因数存在差异，微波加热就表现出选择性加热的特点。物质不同，产生的热效果也不同。水分子属极性分子，介电常数较大，其介质损耗因数也很大，对微波具有强吸收能力。而蛋白质、碳水化合物等的介电常数相对较小，其对微波的吸收能力比水小得多。因此，对于食品来说，含水量的多少对微波加热效果影响很大。

微波对介质材料是瞬时加热升温，能耗也很低。另一方面，微波的输出功率随时可调，介质升温可无惰性地随之改变，不存在“余热”现象，极有利于自动控制和连续化生产的需要。

微波同光波一样，是直线传播的，要求两个通信地点（两个微波站）之间没有阻挡，信号才能传到对方，即所谓的视距传播。在微波的频段使用方面，各国的微波设备往往首先使用4GHz频段。目前各国的通信设备已使用到2GHz、4GHz、5GHz、6GHz、7GHz、8GHz、11GHz、15GHz、20GHz等各频段。我国的数字微波通信已有2GHz、4GHz、6GHz、7GHz、8GHz、11GHz各频段的设备。频率低，其电波传播较稳定，但其设备及元器件的尺寸也较大，当天线口径一定时，微波频率

越低，天线增益也越低。对微波频率的选取要遵照 CCIR 的建议和各国无线电管理委员会的规定，经申请后得到批准才行。

就微波通信的性能而论，数字微波通信的特点可概括为“微波、多路、接力”六个字。“微波”指通信频率是微波频段，又包括分米波、厘米波和毫米波。微波频段宽度是长波、中波、短波及特高频几个频段总和的 1000 倍。微波频率不受天电和工业干扰及太阳黑子变化的影响，通信的可靠性较高。还因微波频率高，所以其天线尺寸较小，往往做成面式天线，其天线增益较高、方向性很强。“多路”指微波通信不但总的频段宽，传输容量大，而且其通信设备的通频带也可以做得很宽。例如，一个 4000MHz 的设备，其通频带按 1% 估算，可达 40MHz。模拟微波的 960 路电话总频谱约为 4MHz 带宽。可见，一套微波收发信设备可传输的话路数是相当多的。因数字信号占用带宽较宽，所以数字微波通信设备在选择适当的调制方式后，可传输的话路容量仍然是相当多的。“接力”因微波频段的电磁波在视距范围内是沿直线传播的，通信距离一般为 40 ~ 50km。考虑到地球表面的弯曲，在进行长距离通信时，就必须采用接力的传播方式，发端信号经若干中间站多次转发，才能到达收端。

第三章　卫星通信技术

一、卫星通信定义及简介

卫星通信技术（Satellitecommunicationtechnology）是一种利用人造地球卫星作为中继站来转发无线电波而进行的两个或多个地球站之间的通信。自 20 世纪 90 年代以来，卫星移动通信的迅猛发展推动了天线技术的进步。卫星通信具有覆盖范围广、通信容量大、传输质量好、组网方便迅速、便于实现全球无缝链接等众多优点，其被认为是建立全球个人通信必不可少的一种重要手段。

卫星通信系统是由通信卫星和经该卫星连通的地球站两部分组成。静止通信卫星是目前全球卫星通信系统中最常用的星体，是将通信卫星发射到赤道上空 35860 公里的高度上，使卫星运转方向与地球自转方向一致，并使卫星的运转周期正好等于地球的自转周期（24 小时），从而使卫星始终保持同步运行状态。故静止卫星也称同步卫星。静止卫星天线波束最大覆盖面可以达到大于地球表面总面积的三分之一。因此，在静止轨道上，只要等间隔地放置三颗通信卫星，其天线波束就能基本上覆盖整个地球（除两极地区外），实现全球范围的通信。当前使用的国际通信卫星系统，就是按照上述原理建立起来的，三颗卫星分别位于大西洋、太平洋和印度洋上空。

与其它通信手段相比，卫星通信具有许多优点：一是电波覆盖面积大，通信距离远，可实现多址通信。在卫星波束覆盖区内一跳的通信距离最远为 18000 公里。覆盖区内的用户都可通过通信卫星实现多址连接，进行即时通信。二是传输频带宽，通信容量大。卫星通信一般使用 1 ~ 10KMHz 的微波波段，有很宽的频率范围，可在两点间提供几百、几千甚至上万条话路，提供每秒几十兆比特甚至每秒一百多兆比特的中高速数据通道，还可传输好几路电视。三是通信稳定性好、质量高。卫星链路大部分是在大气层以上的宇宙空间，属恒参信道，传输损耗小，电波传播稳定，不受通信两点间的各种自然环境和人为因素的影响，即便是在发生磁爆或核爆的情况下，也能维持正常通信。

卫星传输的主要缺点是传输时延大。在打卫星电话时不能立刻听到对方回话，需要间隔一段时间才能听到。其主要原因是无线电波虽在自由空间的传播速度等于光速（每秒 30 万公里），但当它从地球站发往同步卫星，又从同步卫星发回接收地球站，这“一上一下”就需要走 8 万多公里。打电话时，一问一答无线电波就要往返近 16 万公里，需传输 0.6 秒钟的时间。也就是说，在发话人说完 0.6 秒钟以后才能听到对方的回音，这种现象称为“延迟效应”。由于“延迟效应”现象的存在，使得打卫星电话往往不像打地面长途电话那样自如、方便。卫星通信是军事通信的重要组成部分，一些发达国家和军事集团利用卫星通信系统完成的信息传递，约占其军事通信总量的 80%。

卫星通信是现代通信技术的重要成果，它是在地面微波通信和空间技术的基础上发展起来的。与电缆通信、微波中继通信、光纤通信、移动通信等通信方式相比，卫星通信具有下列特点。

卫星通信覆盖区域大，通信距离远。因为卫星距离地面很远，一颗地球同步卫星便可覆盖地球表面的 1/3，因此利用 3 颗适当分布的地球同步卫星即可实现除两极以外的全球通信。卫星通信是远距离越洋电话和电视广播的主要手段。

卫星通信具有多址连接功能。卫星所覆盖区域内的所有地球站都能利用同一卫星进行相互间的通信，即多址连接。

卫星通信频段宽，容量大。卫星通信采用微波频段，每个卫星上可设置多个转发器，故通信容量很大。卫星通信机动灵活。地球站的建立不受地理条件的限制，可建在边远地区、岛屿、汽车、飞机和舰艇上。卫星通信质量好，可靠性高。卫星通信的电波主要在自由空间传播，噪声小，通信质量好。就可靠性而言，卫星通信的正常运转率达 99.8% 以上。

卫星通信的成本与距离无关。地面微波中继系统或电缆载波系统的建设投资和维护费用都随距离的增加而增加，而卫星通信的地球站至卫星转发器之间并不需要线路投资，因此其成本与距离无关。

但卫星通信也有不足之处，主要表现在：传输时延大。在地球同步卫星通信系统中，通信站到同步卫星的距离最大可达 40000km，电磁波以光速（3×108m/s）传输，这样，路经地球站——卫星——地球站（称为一个单跳）的传播时间约需 0.27s。如果利用卫星通信打电话的话，由于两个站的用户都要经过卫星，因此打电话者要听到对方的回答必须额外等待 0.54s。

回声效应。在卫星通信中，由于电波来回转播需 0.54s，因此产生了讲话之后的“回声效应”。为了消除这一干扰，在卫星电话通信系统中增加了一些设备，专门用于消除或抑制回声干扰。存在通信盲区。把地球同步卫星作为通信卫星时，由于地球两极附近区域“看不见”卫星，因此不能利用地球同步卫星实现对地球两极的通信。存在日凌中断、星蚀和雨衰现象。

人造地球卫星根据对无线电信号放大的有无、转发功能，有有源人造地球卫星和无源人造地球卫星之分。由于无源人造地球卫星反射下来的信号太弱无实用价值，于是人们致力于研究具有放大、变频转发功能的有源人造地球卫星——通信卫星来实现卫星通信。其中绕地球赤道运行的周期与地球自转周期相等的同步卫星具有优越性能，利用同步卫星的通信已成为主要的卫星通信方式。不在地球同步轨道上运行的低轨卫星多在卫星移动通信中应用。

同步卫星通信是在地球赤道上空约 36000km 的太空中围绕地球的圆形轨道上运行的通信卫星，其绕地球运行周期为 1 恒星日，与地球自转同步，因而与地球之间处于相对精致状态，故称为禁止卫星、固定卫星或同步卫星，其运行轨道称为地球同步轨道（GEO）。

在地面上用微波接力通通信系统进行的通信，因系视距传播，平均每 2500km 假设参考电路要经过每跨距约为 46km 的 54 次接力转接。例如利用通信卫星进行中继，地面距离长达 1 万多公里的通信，经通信卫星 1 跳即可联通（由地至星，再由星至地为 1 跳，含两次中继），而电波传输的中继距离约为 4 万公里。

利用地球同步轨道上的人造地球卫星作为中继站进行地球上通信的设想是 1945 年英国物理学家 A.C. 克拉克（ArtherC.Clarke）在《无线电世界》杂志上发表“地球外的中继”一文中提出的，并在 20 世纪 60 年代成为现实。

同步卫星问世以前，曾用各种低轨道卫星进行了科学试验及通信。世界上第一颗人造卫星“卫星 1 号”由苏联于 1957 年 10 月 4 日发射成功，并绕地球运行，在地球上首次收到从人造卫星发来的电波。

美国于 1960 年 8 月把覆有铝膜的直径 30m 的气球卫星“回声 1 号”发射到约 1600km 高度的圆轨道上进行通信试验。这是世界上最早的不使用放大器的所谓无源中继试验。

美国于 1962 年 12 月 13 日发射了低轨道卫星“中继 1 号”。1963 年 11 月 23 日该星首次实现了横跨太平洋的日美间的电视转播。此时恰逢美国总统 J.F. 肯尼迪被刺，此消息经卫星传至日本在电视新闻上播出，卫星的远距离实时传输给人们留下了深刻印象，使人造卫星在通信中的地位大为提高。

世界上第一颗同步通信卫星是 1963 年 7 月美国宇航局发射的“同步 2 号”卫星，它与赤道平面有 30° 的倾角，相对于地面作 8 字形移动，因而尚不能叫静止卫星，在大西洋上首次用于通信业务。1964 年 8 月发射的“同步 3 号”卫星，定点于太平洋赤道上空国际日期变更线附近，为世界上第一颗静止卫星。1964 年 10 月经该星转播了（东京）奥林匹克运动会的实况。至此，卫星通信尚处于试验阶段。1965 年

4 月 6 日发射了最初的半试验、半实用的静止卫星“晨鸟”，用于欧美间的商用卫星通信，从此卫星通信进入了实用阶段。

二、卫星通信的覆盖范围和多址连接方式

全球覆盖的固定卫星通信业务静止地球轨道（GEO）卫星，轨道高度大约为 36000km，成圆形轨道，只要三颗相隔 120° 的均匀分布卫星，就可以覆盖全球。国际卫星通信组织的 IntelsatI–IX 代卫星是全球覆盖的最好例子，已发展到第九代。

卫星在空中起中继站的作用，即把地球站发上来的电磁波放大后再反送回另一地球站。地球站则是卫星系统形成的链路。由于静止卫星在赤道上空 36000Km，它绕地球一周时间恰好与地球自转一周（23 小时 56 分 4 秒）一致，从地面看上去如同静止不动一样。三颗相距 120 ° 的卫星就能覆盖整个赤道圆周。故卫星通信易于实现越洋和洲际通信。最适合卫星通信的频率是 1 ~ 10GHz 频段，即微波频段，为了满足越来越多的需求，已开始研究应用新的频段，如 12GHz、14GHz、20GHz 及 30GHz。

全球覆盖的移动卫星通信海事卫星通信系统 Inmarsat 是全球覆盖的移动卫星通信，工作的为第三代海事通信卫星，它们分布在大西洋东区和西区、印度洋区和太平洋区，第四代 Inmarsat–4 卫星，已于 2005 年 3 月发射了第一颗卫星，另一颗卫星亦准备发射，它们分别定点在 64° E 和 53° W，具有一个全球波束，19 个宽点波束，228 个窄点波束，采用数字信号处理器。有信道选择和波束成形功能。

全球覆盖的低轨道移动通信卫星有“铱星”(Iridium)和全球星(Globalstar),“铱星”系统有 66 颗星,分成 6 个轨道,每个轨道有 11 颗卫星,轨道高度为 765km,卫星之间、卫星与网关和系统控制中心之间的链路采用 ka 波段,卫星与用户间链路采用 L 波段。2005 年 6 月底铱星用户达 12.7 万户，在卡特里娜遭受飓风侵害时“铱星”业务流量增加 30 倍，卫星电话通信量增加 5 倍。

全球星（Globalstar）有 48 颗卫星组成，分布在 8 个圆形倾斜轨道平面内，轨道高度为 1389km，倾角为 52 度。用户数逐年稳定增长，成本下降，2005 年比 2004 年话音用户增长。

多址连接的意思是同一个卫星转发器可以连接多个地球站，多址技术是根据信号的特征来分割信号和识别信号，信号通常具有频率、时间、空间等特征。卫星通信常用的多址连接方式有频分多址连接（FDMA）、时分多址连接（TDMA）、码分多

址连接(CDMA)和空分多址连接(SDMA),另外频率再用技术亦是一种多址连接方式。

在微波频带，整个通信卫星的工作频带约有500MHz宽度，为了便于放大和发射及减少变调干扰，一般在卫星上设置若干个转发器。每个转发器的工作频带宽度为36MHz或72MHz的卫星通信多采用频分多址技术,不同的地球站占用不同的频率，即采用不同的载波。它对于点对点大容量的通信比较适合。已逐渐采用时分多址技术，即每一地球站占用同一频带，但占用不同的时隙，它比频分多址有一系列优点，如不会产生互调干扰，不需用上下变频把各地球站信号分开，适合数字通信，可根据业务量的变化按需分配，可采用数字话音插空等新技术，使容量增加5倍。另一种多址技术是码分多址（CDMA），即不同的地球站占用同一频率和同一时间，但有不同的随机码来区分不同的地址。它采用了扩展频谱通信技术，具有抗干扰能力强、保密通信能力好、可灵活调度话路等优点。其缺点是频谱利用率较低。它比较适合于容量小、分布广、有一定保密要求的系统使用。

三、卫星通信系统的组成

卫星通信系统包括通信和保障通信的全部设备。一般由空间分系统、通信地球站、跟踪遥测及指令分系统和监控管理分系统四部分组成。

跟踪遥测及指令分系统。跟踪遥测及指令分系统负责对卫星进行跟踪测量，控制其准确进入静止轨道上的指定位置。待卫星正常运行后，要定期对卫星进行轨道位置修正和姿态保持。

监控管理分系统。监控管理分系统负责对定点的卫星在业务开通前、后进行通信性能的检测和控制，如卫星转发器功率、卫星天线增益以及各地球站发射的功率、射频频率和带宽等基本通信参数进行监控，以保证正常通信。

空间分系统（通信卫星）。通信卫星主要包括通信系统、遥测指令装置、控制系统和电源装置（包括太阳能电池和蓄电池）等几个部分。

通信系统是通信卫星上的主体，它主要包括一个或多个转发器，每个转发器能同时接收和转发多个地球站的信号，从而起到中继站的作用。

通信地球站。通信地球站是微波无线电收、发信站，用户通过它接入卫星线路，进行通信。

四、卫星通信的方式及特点

卫星通信方式卫星通信系统传输或分配信息时所采用的工作方式称为卫星通信方式。

国际卫星通信已由以模拟频分方式为主，转向以数字时分方式为主。数字卫星通信方式有 120Mbit/s 的数字话音插空（DSI）的时分多址（TDMA/DSI），或不加话音插空（DNI）的时分多址，以及星上交换时分多址（SS–TDMA）；还有大量的以 2.048Mbit/s、1.544Mbit/s 为主的卫星数字信道（IDR）方式，加数字电路复用设备（DCME）一般可扩大容量 3 ~ 4 倍，最多达 5 倍。2Mbit/s 的 IDR 其承载电路为 30 路，较小容量的 IDR 有 1.024Mbit/s（16 路）和 512kbit/s（8 路）。专用通信用的数字专线业务（IBS）业务发展很快，Ku 频段达到 ISDN 质量水平的叫超级数字专线业务（su–perIBS）。稀路由（VISTA）业务方式仍有市场，其中有按需分配多址（DAMA）功能的方式称超级稀路由（su–perVISTA）方式。非中心控制的稀路由的斯佩德（SPADE）方式因设备复杂已被淘汰。国际卫星通信的极化方式为双圆极化。

国内卫星通信方式大体仿效国际卫星通信用 C 频段和 Ku 频段，也有用 Ka 频段的。一般的 TDMA 方式为 60Mbit/s 以下速率，还有 SS–TDMA 和转发器跳频的 TDMA 方式，有加数字电路复用设备的卫星数字信道（IDR/DCME）方式，也有自适差分脉冲编码的卫星数字信道（IDR/ADPCM）方式。因模拟的频分多址（FDMA）方式技术成熟，仍有使用。国内范围的以通话为主的稀路由（VISTA）方式用得较多，有单载波单信道 / 音节压扩频率调制 / 按需分配多址（SCPC/CFM/DAMA）方式和单载波单信道 /4 相移相键控 / 按需分配多址（SCPC/QPSK/DAMA）方式以及较低速率的 TDMA 方式。甚小天线地球站系统的市场很大，它是以数据传输为主兼有话音传输的星状网，其制式和速率有多种，可供用户选用。国内卫星通信的极化方式一般为线极化，个别也有用圆极化的。

国际和国内的卫星电视传输都采用模拟调频制。国际间的电视节目交换使用全球波束转发器和 A 标准地球站，其接收质量较好，一个转发器可传两路 20MHz 带宽的电视节目。国内和区域卫星电视传输采用一个国内或区域波束转发器只开一路电视，取转发器全功率，以利大量的小型电视单收地球站易于接收。

复合模拟分量（MAC）制亦在使用。一个载波传两路电视的双路电视制，作为定点电视节目传输方式，可节省空间段费用，故亦有采用。高质量的卫星数字电视传输和高清晰度卫星电视传输正在试验。一个转发器传多路压缩编码的数字电视传输方式即将出现。

卫星电视电话会议业务以 2Mbit/l.5Mbit 为主，n×384kbi 的已经问世，预计 m×64kbit 的亦有其优越性。

安装在专用车辆上、易于搬运的小型 C/Ku 地球站，在国内和国际的各种场合的应用很广，可用来传电视、电话、传真、电报和数据等，多用于应急场合。

卫星通信与其他通信方式相比较，有以下几个方面的特点：通信距离远，且费用与通信距离无关。利用静止卫星，最大的通信距离达 18100km 左右。而且建站费用和运行费用不因通信站之间的距离远近、两通信站之间地面上的自然条件恶劣程度而变化。这在远距离通信上，比微波接力、电缆、光缆、短波通信有明显的优势。

广播方式工作，可以进行多址通信。通常，其他类型的通信手段只能实现点对点通信，而卫星是以广播方式进行工作的，在卫星天线波束覆盖的整个区域内的任何一点都可以设置地球站，这些地球站可共用一颗通信卫星来实现双边或多边通信，即进行多址通信。另外，一颗在轨卫星，相当于在一定区域内铺设了可以到达任何一点的无数条无形电路，它为通信网络的组成，提供了高效率和灵活性。

通信容量大，适用多种业务传输。卫星通信使用微波频段，可以使用的频带很宽。一般 C 和 Ku 频段的卫星带宽可达 500 ~ 800MHz，而 Ka 频段可达几个 GHz。

可以自发自收进行监测。一般，发信端地球站同样可以接收到自己发出的信号，从而可以监视本站所发消息是否正确，以及传输质量的优劣。

无缝覆盖能力。利用卫星移动通信，可以不受地理环境、气候条件和时间的限制，建立覆盖全球性的海、陆、空一体化通信系统。

广域复杂网络拓扑构成能力。卫星通信的高功率密度与灵活的多点波束能力加上星上交换处理技术，可按优良的价格性能比提供宽广地域范围的点对点与多点对多点的复杂的网络拓扑构成能力。

安全可靠性。事实证明，在面对抗震救灾或国际海底 / 光缆的故障时，卫星通信是一种无可比拟的重要通信手段。即使将来有较完善的自愈备份或路由迂回的陆地光缆及海底光缆网络，明智的网络规划者与设计师还是能够理解卫星通信作为传输介质应急备份与信息高速公路混合网基本环节的重要性与必要性。

卫星通信的主要优点概述如下：通信距离远，在卫星波束覆盖区域内，通信距离最远为 13000 公里；不受通信两点间任何复杂地理条件的限制；不受通信两点间任何自然灾害和人为事件的影响；通信质量高，系统可靠性高，常用于海缆修复期的支撑系统；通信距离越远，相对成本越低；可在大面积范围内实现电视节目、广播节目和新闻的传输和数据交互；机动性大，可实现卫星移动通信和应急通信；信号配置灵活，可在两点间提供几百、几千甚至上万条话路和中高速的数据通道；易于实现多地址传输；易于实现多种业务功能。

讲了卫星通信的这么多优点，卫星通信也有不少缺点呢！传输时延大：500 ~ 800ms 的时延；高纬度地区难以实现卫星通信；为了避免各卫星通信系统之间的相互干扰，同步轨道的星位是有一点限度的，不能无限制地增加卫星数量；太空中的日凌现象和星食现象会中断和影响卫星通信；卫星发射的成功率为 80%，卫星的寿命为几年到十几年；发展卫星通信需要长远规划和承担发射失败的风险。

主要优点是：①通信距离远，在卫星波束覆盖区内一跳的通信距离最远约 13×103km（用全球波束，地球站对卫星的仰角在 5° 以上）；②不受通信两点间任何复杂地理条件的限制；③不受通信两点间的任何自然灾害和人为事件的影响；④只经过卫星一跳即可到达对方，因而通信质量高，系统可靠性高，常作为海缆修复期的支撑系统；⑤通信距离越远，成本越低；⑥可在大面积范围内实现电视节目、广播节目和新闻的传输，以及直达用户办公楼的交互数据传输甚至话音传输，因而适用于广播型和用户型业务；⑦机动性大，可实现卫星移动通信和应急通信；⑧灵活性大，可在两点间提供几百、几千甚至上万条话路，提供几十兆比（Mbit/s）甚至 120Mbit/s 的中高速数据通道，也可提供至少一条话路或 1.2kbit/s、2 ~ 4kbit/s 的数据通道；⑨易于实现多址传输；⑩有传输多种业务的功能。

主要缺点是：①传输时延大。卫星地球站通过赤道上空约 36000km 的通信卫星的转发进行通信，视地球站纬度高低，其一跳的单程空间距离为 72000 ~ 80000km。以 300000km/s 的速度传播的电波，要经过 240 ~ 260ms 的空间传输延时才能到达对方地球站，加上终端设备对数字信号的处理时间等，延时还要增加。根据国际电报电话咨询委员会建议（Rec.114），单程传输不要超过 400ms。对通话来说，发话方听到对方立即的回话，也要经过 500 ~ 800ms，这是可以被通话用户接受和习惯的。但由通话双方的二 / 四线混合线圈不平衡而造成的泄漏，将出现不可忍受的回音，因而必须无例外地加装回音消除器。②在南纬 75° 以上和北纬 75° 以上的高纬度地区，由于同步卫星的仰角低于 5°，难以实现卫星通信，一般来说，纬度在 70° 以下的地面、80° 以下的飞机，均可经同步卫星建立通信。③同步轨道的位置有限，不能无限度地增加卫星数量和减小星间间隔。④每年有不可避免的日凌中断和须采取措施度过的星食发生。⑤需对卫星部署有长远规划。卫星寿命一般为几年至十几年，而卫星的设计和生产周期长，需及早安排后继卫星，但卫星发射成功率平均为 80% 左右，故要承担一定的风险。

卫星通信新技术的发展层出不穷。例如，甚小口径天线地球站（VSAT）系统，中低轨道的移动卫星通信系统等都受到了人们广泛的关注和应用。卫星通信也是未

来全球信息高速公路的重要组成部分。它以其覆盖广、通信容量大、通信距离远、不受地理环境限制、质量优、经济效益高等优点，1972年在中国首次应用，并迅速发展，与光纤通信、数字微波通信一起，成为中国当代远距离通信的支柱。

卫星通信由于它不受地理条件的限制，具有灵活的可移动性，所以仍依它的优势创新发展。但亦受到迅速发展的光纤通信的挑战，它比卫星通信的容量大，传输速率高，有很多越洋通信被海底光缆所替代，陆地干线亦有类似情况。20世纪90年代中后期卫星电视直播（DBs——DirectBroadcastSatellite或DTH——DirectToHome）、卫星声音广播、卫星移动通信以及卫星宽带多媒体通信成为新的四大发展潮流。

国际卫星通信组织的Intelsat系列已经发展到第九代，自1996～2004年以来业务量基本稳定增长，2004年全球总收入为94亿美元，美国预计2006年用户达百万，VSAT应用约每年增长15%～20%，宽带接入及多媒体业务逐渐发展，Ka波段将成为宽带业务的主流，宽带业务领先的有加拿大的电信卫星公司（Telesat）、美国的狂蓝（WildBlue）公司和泰国的Shin卫星公司。

在卫星性能方面以增大发射功率，提高EIRP值，增加卫星转发器数量，增加带宽，降低成本，减小地面终端设备的尺寸和费用。加拿大2004年7月18日发射的阿尼克（Anik）—F2卫星共有114台转发器，其中50台为Ka波段，泰国2005年8月11日发射的Ipstar卫星有114台转发器，通信容量为45Gbit/s，是目前世界上最大的商用通信卫星，欧洲正在研制更大的卫星，准备安装250台转发器，预定2008年发射。

星上采用数字信号处理器，提高信号交换能力，减少地面设备，建立遥测、遥控、跟踪和监视功能以及网络管理功能的地球站，实现卫星动态控制及管理。卫星宽带通信直播高清晰度电视，连接Internet网发展网络电视等。

移动卫星通信它可以是全球性亦可以是区域性，全球性的采用中、低轨道卫星。区域性的采用静止轨道通信卫星，区域移动通信卫星有2000年2月12日发射的印度尼西亚的亚洲蜂窝卫星（Aees），又名格鲁达（Garula）—1，它是世界上第一颗区域性地球静止轨道个人移动通信卫星，有140个点波束，11000路同时通话的话路，波束覆盖占世界人口60%的亚太地区。阿拉伯联合酋长国于2000年10月20日和2003年6月10日分别发射了瑟拉亚（Thuraya）—1和瑟拉亚—2两颗卫星，每星具有13750路同时通话的容量，它覆盖欧、亚、非106个国家。

国际移动卫星公司于2005年3月发射了第四代Inmarsat—4卫星，它具有全球波束和19个宽点波束以及228个窄点波束，用两颗卫星支持Inmarsat系统的大部分业务。它将引入宽带全球区域网（BGAN）的一系列新业务，传输速率达432kbit/s，星上采用L波段及数字信号处理器（DSP），DSP具有信道选择和波束成形功能，能产生宽带信道匹配功率与带宽资源，DSP还能剪裁卫星覆盖范围和调正波束，以满足容量和业务种类要求，还能处理固态功放及低噪声放大器的故障。宽带全球区域网将传输互联网、内部网、视频点播、视频会议、传真、电子邮件、电话及局域网等接入业务。中、低轨道全球移动卫星通信的业务主要是话音和数据，亦可以与互联网连接，进一步发展多媒体通信。

卫星通信的发展趋势总的发展方向是大容量、大功率、高速率、宽带、低成本、高发射频率、多转发器、多点波束和赋形波束，应用星上处理技术切换信号、处理信号等，21世纪的卫星直播电视（DBS—TV）、个人移动卫星通信、多媒体卫星通信、卫星音频广播、卫星网络电视等将会得到大量发展。VSAT业务范围不断扩大，深入国民经济的各个领域，更加显示其经济和社会效益，Ka波段的应用使设备更加小型化，当然亦带来衰减严重的缺陷。光通信在卫星通信中的应用逐渐变得成熟可取，它要求精确的卫星控制技术，在国际上还处于研发阶段，预计不久将会进入实用阶段。

中国的卫星通信事业亦在迅速发展，2005年4月12日发射了亚太－6号（Apstar6）卫星，它有38个C波段和14个Ku波段转发器，2006年lo月发射直播卫星－鑫诺2号（Sino-2），它有22个Ku波段转发器（目前有技术故障）。卫星通信的应用领域不断扩大，除金融、证券、邮电、气象、地震等部门外，远程教育、远程医疗、应急救灾、应急通信、应急电视广播、海陆空导航，连接互联网的网络电话、电视等将会广泛应用。中国的卫星发射技术，长征系列运载火箭领先世界，大推力、无污染、无毒的环保型火箭发动机中国已试验成功，这为发展中国的大型通信卫星乃至载人航天、探月工程创造了有利条件。中国将沿着天地一体、优势互补、军民结合的长远发展方向迈进。

早在1945年10月，阿瑟·克拉克（ArthurC.Clarke）提出静止卫星通信的设想。他在英国《无线电世界》杂志第10期发表了题为《地球外的中继——卫星能提供全球范围的无线电覆盖吗？》的文章，详细论述了卫星通信的可行性，为今后全球卫星通信奠定了理论基础。现代卫星通信的发展，证实了克拉克设想的科学性。

卫星通信的发展过程，可以分为以下两个阶段。从1954年开始，美国先后利用月球、无源气球卫星、铜针无源偶极子带作为中继站，进行了电话、电视传输等无源卫星通信试验，但事实证明并无很大实用价值。直到1957年，前苏联发射了第一颗人造卫星，才使卫星通信进入有源卫星试验阶段。

1958 年 12 月，美国用阿特拉斯火箭将一颗重 150 磅的“斯柯尔”低轨道卫星射入椭圆轨道（近地点 200km，远地点 1700km），星上发射机输出功率 8W，频率为 150MHz。卫星利用磁带录音，将甲站发出的信息（电话、电报），延迟转发到乙站。1960 年 10 月，美国国防部又将“信使”卫星发射到高度为 1000km、倾角为 28.3°的轨道上，使用 2GHz 频率，进行了与上述类似的低轨道迟延通信试验。

1962 年 6 月，美国航空宇航局用德尔塔火箭把“电星”卫星送入 1060 ~ 4500km 的椭圆轨道；同年 12 月又发射了“中继“卫星，进入 1270 ~ 8300km 的椭圆轨道，在美国、欧洲、南美洲之间进行了多次电话、电视、传真数据的传输试验，并对卫星通信的频率、姿态控制、遥测跟踪、通信方式等技术问题进行了试验。

1963 年以后开始进行同步卫星通信试验。1963 年 7 月和 1964 年 8 月，美国航空宇航局先后发射了三颗 SYNCOM 卫星，第一颗未能进入预定轨道；第二颗进入周期为 24h 的倾斜轨道；最后一颗进入了似圆形的静止同步轨道，成为世界上第一颗试验性静止通信卫星。利用它成功地进行了电话、电视和传真的传输试验，并在 1964 年秋用它向美国转播了在日本东京举行的奥林匹克运动会实况。至此，卫星通信的试验阶段基本结束。

在卫星通信技术发展的同时，承担卫星通信业务和管理的组织机构也逐渐完备，1964 年 8 月 20 日，美国、日本等 11 个西方国家为了建立单一的世界性商业卫星网，在美国华盛顿成立了世界性商业卫星临时组织，并于 1965 年 11 月正式定名为国际通信卫星组织（INTELSAT，InternationalTelecommunicationSatelliteOrganizaion）。该组织在 1965 年 4 月把第一代“国际通信卫星”（INTELSAT-I，简称 IS-I，原名“晨鸟”）射入了静止同步轨道，正式承担国际通信业务。这标志着卫星通信开始进入实用与发展的新阶段。

五、我国通信的现状和发展

1972 年，我国开始建设第一个卫星通信地球站，1984 年成功地发射了第一颗试验通信卫星，1985 年先后建设了北京、拉萨、乌鲁木齐、呼和浩特、广州等 5 个公用网地球站，正式传送中央电视台节目。此后又建成了北京、上海、广州国际出口站，开通了约 2.5 万条国际卫星直达线路；建设了以北京为中心，以拉萨、乌鲁木齐、呼和浩特、广州、西安、成都、青岛等为各区域中心的多个地球站，国内线路达 10000 条以上。

专用网建设发展非常迅速，人民银行、新华社、交通、石油天然气、经贸、铁道、电力、水利、民航、中核总公司、国家地震局、气象局、云南烟草、深圳股票公司以及国防、公安等部门已建立了 20 多个卫星通信网，卫星通信地球站（特别是 VSAT）已达万座。

1984 年，“东方红”卫星发射成功，开创了我国利用卫星传送广播电视节目的新纪元。截至 2015 年，中央电视台 4 套、教育台、新疆、西藏、云南、贵州、四川、浙江、山东、湖南、河南、广东、广西、河北等十几个省级电视台的电视节目和 40 多种语言广播节目已上卫星传送，已有卫星电视地面收转站十万个，电视专收站（TVRO）约 30 万个。很多系统采用了比较先进的数字压缩技术。

卫星移动通信主要解决陆地、海上和空中各类目标相互之间及与地面公用网的通信任务。我国作为 INMARSAT 成员国，北京建有岸站，可为太平洋、印度洋和亚太地区提供通信服务。另外，我国逐步开展机载卫星移动通信服务。石油、地质、新闻、水利、外交、海关、体育、抢险救灾、银行、安全、军事和国防等部门均配备了相应业务终端。现我国已进入 INMARSAT 的 M 站和 C 站，有近 5000 部机载、船载和陆地终端。

随着我国现代化建设和以多媒体为代表的信息高速公路的发展，今后 10 年我国卫星通信将有一个更大的发展，并将以我国自主的大容量通信卫星为主体，建立起完善、长期稳定运行的卫星通信系统。若以每年递增 15% ~ 17% 计算，到 2002 年，卫星通信公用网开通的线路将是 1996 年的 2.7 ~ 3 倍，大、中城市将建立起大、中型卫星通信地球站约 50 ~ 60 座，中、小型地球站约 200 ~ 300 座（不包括 VSAT 站）。到 2005 年，卫星通信公用网线路将发展到数十万条。

我国今后的卫星通信技术发展趋势为：①开发新频段，提高现有频段的频谱利用率。从现有单一的 C 频段发展到 Ku、Ka、UHF、L、S、X 等频段。②公用干线通信网向高速、数字、宽带发展，速率将达 60Mbit/s、120Mbit/s 和 1000Mbit/s，并利用 SDH 和 ATM，建立国家信息高速公路——天基宽带综合业务数字通信网。③进一步发展小型化、智能化 VSAT 专用卫星通信网。业务也将从单一的数据或话音为主，发展为话音、数据、图文、电视兼容的综合业务。④卫星移动通信系统将大力发展新技术，如星上大天线技术，多波束技术，星上交换、星上处理和星间链路技术，越区切换技术等。⑤开展卫星通信网与其他异构网的互通、互联，完成异构网协议变换，网络同步与交换技术及信令呼叫接口技术等。⑥网络管理和控制及网络动态分配处理的自动化技术。⑦卫星通信网的网络安全、保密技术。⑧与我国卫星通信设备产业化发展有关的生产、工艺加工技术，等等。

展望21世纪，卫星通信将获得重大发展，尤其是世界上的新技术，如光开关、光信息处理、智能化星上网控、超导、新的发射工具和新的轨道技术的实现，将使卫星通信产生革命性的变化，卫星通信将对我国的国民经济发展，对产业信息化产生巨大的促进作用。

第四章　无线电通信

一、无线电通信简述

通信，指人与人或人与自然之间通过某种行为或媒介进行的信息交流与传递，从广义上指需要信息的双方或多方在不违背各自意愿的情况下采用任意方法，任意媒介，将信息从某方准确安全地传送到另一方。

通信（Communication）就是信息的传递，是指由一地向另一地进行信息的传输与交换，其目的是传输消息。通信是人与人之间通过某种媒体进行的信息交流与传递，从广义上说，无论采用何种方法，使用何种媒质，只要将信息从一地传送到另一地，均可称为通信。通信的方式：古代的烽火台、击鼓、驿站快马接力、信鸽、旗语等，现代的电信等。古代的通信对远距离来说，最快也要几天的时间，而现代通信以电信方式如电报、电话、快信、短信、E-MAIL 等实现了即时通信。美国联邦通信法对通信的定义是：包括电信和广播电视。世贸组织（WTO）、国际电联（ITU）和中国的电信管理条例对电信的定义是：包括公共电信和广播电视。

人类自存在以来，就总是要进行思想交流和消息传递的。远古时代的人类用表情和动作进行信息交流，这是最原始的通信方式。后来，人类在漫长的生活中创造了语言和文字。人类还创造了许多信息传递方式，如古代的烽火台、金鼓、锦旗，航行用的信号灯等，这些都是解决远距离信息传递的方式。进入 19 世纪后，人们开始试图用电信号进行通信。电缆通信是最早发展起来的通信技术，它用于长途通信已有 60 多年的历史，在通信中占有突出地位。在光纤通信和移动通信发展之前，电话、传真、电报等各用户终端与交换机的连接全靠市话电缆，电缆还曾是长途通信和国际通信的主要手段，大西洋、太平洋均有大容量的越洋电缆，据 1982 年的统计，中国公用网长途线路总长为 18 万余公里，其中 90% 为明线，同轴电缆所占的比例已上升到 1/3 左右。电缆通信中主要采用模拟单边带调制和频分多路复用（SSB / FDM）方式，国际上同轴电缆每芯最高容量可达 13200 路（或 6 路广播电视），我国沪—杭、京—汉—广同轴电缆干线可通 1800 路载波电话。自从数字电话问世以来，各国大力发展脉冲编码调制时分多路信号在同轴电缆中的基带传输技术，数字电话容量可达 4032 路。广泛应用的是第二代移动通信系统，采用窄带时分多址（TDMA）和窄带码分多址（CDMA）数字接入技术，已形成的国家和地区标准有欧洲的 GSM

系统、美国的 IS-95 系统、日本的 PDC 系统。中国主要采用的是欧洲的 GSM 系统。

多部位发布的《关于实施宽带中国 2013 专项行动的意见》表示，今年我国将新增 FTTH 覆盖家庭 3500 万户，新增 WLAN 接入点 130 万个，新增 3G 基站 18 万个，显示出我国政府将继续加大推进信息网络建设的扶持力度，相关企业也将从中获得利好。

专家表示，4G 推动政策将相关企业的投资机会，尤其是网络设备企业。随着今年投资增速提升，相关公司业绩也将有所体现。

对于通信行业而言，4G 网络建设将推动行业景气上升，网络设备、基站建设等相关公司都将在 4G 建设期中受益。从现状来看，今年 2 月份中国移动 3G 新增用户数 951 万户，而联通与电信的新增 3G 用户数分别仅为 336 万户与 336 万户。显示出我国 2G 用户已经开始向 3G 用户转移。

专家指出，目前我国通信行业运营平稳，3G 发展已经进入良性轨道。随着 TD 六期和 TD-LTE 建设力度不断加强，我国通信行业增速或将提高。

随着社会生产力的发展，人们对传递消息的要求也越来越高。在各种各样的通信方式中，利用“电”来传递消息的通信方法称为电信（Telecommunication），这种通信具有迅速、准确、可靠等特点，且几乎不受时间、地点、空间、距离的限制，因而得到了飞速发展和广泛应用。

第二代移动通信系统实现了区域内制式的统一，覆盖了大中小城市，为人们的信息交流提供了极大的便利。随着移动通信终端的普及，移动用户数量成倍地增长，第二代移动通信系统的缺陷也逐渐显现，如全球漫游问题、系统容量问题、频谱资源问题、支持宽带业务问题等。

第三代移动通信系统是向未来个人通信发展的一个重要阶段，具有里程碑和划时代的意义，让我们关注其发展态势，迎接它的到来。中国电话网的规模和技术层次均有质的变化，已初步建成了以光缆为主，微波、卫星综合利用，固定电话、移动通信、多媒体通信多网并存，覆盖全国城乡，通达世界各地，大容量、高速度、安全可靠的电信网。

1837 年，美国人摩斯发明电报机。1857 年，横跨大西洋海底电报电缆完成。1875 年，贝尔发明史上第一部电话。1895 年，俄国人波波夫和意大利人马可尼同时成功研制了无线电接收机。1895 年，法国的卢米埃兄弟，在巴黎首映第一部电影。1912 年，在泰坦尼克号沉船事件中，无线电救了 700 多条人命。1920 年代，收音机问世。20 世纪 20 年代，英国人贝尔德成功地进行了电视画面的传送，被誉为电视发明人。

第二次大战爆发后，电视事业中断，战火突显出了广播发送成本低、接收容易的特性，听众再次增加。1962 年，美国发射第一颗人造卫星，开启电视卫星传送的时代。1969 年，美军建立阿帕网（ARPANET），目的是预防遭受攻击时，通信中断。1983 年，美国国防部将阿帕网分为军网和民网，渐渐扩大为今天的互联网。1994 年，美国宣布兴建信息高速通路计划，整合电脑、电话、电视媒体。

有线通信：是指传输媒质为导线、电缆、光缆、波导、纳米材料等形式的通信，其特点是媒质能看得见、摸得着（明线通信、电缆通信、光缆通信）。无线通信：是指传输媒质看不见、摸不着（如电磁波）的一种通信形式（微波通信、短波通信、移动通信、卫星通信、散射通信）。

模拟信号：凡信号的某一参量（如连续波的振幅、频率、相位，脉冲波的振幅、宽度、位置等）可以取无限多个数值，且直接与消息相对应，模拟信号有时也称连续信号，这个连续是指信号的某一参量可以连续变化；数字信号：凡信号的某一参量只能取有限个数值，并且常常不直接与消息相对应，也称离散信号。

基带传输：信号没有经过调制而直接送到信道中去传输的通信方式。频带传输：信号经过调制后再送到信道中传输，接收端有相应解调措施的通信方式。对于点对点之间的通信，按消息传送的方向，通信方式可分为单工通信、半双工通信及全双工通信三种。

所谓单工通信，是指消息只能单方向进行传输的一种通信工作方式。单工通信的例子很多，如广播、遥控、无线寻呼等。这里，信号（消息）只从广播发射台、遥控器和无线寻呼中心分别传到收音机、遥控对象和 BP 机上。

所谓半双工通信方式，是指通信双方都能收发消息，但不能同时进行收和发的工作方式。对讲机、收发报机等都是这种通信方式。

所谓全双工通信，是指通信双方可同时进行双向传输消息的工作方式。在这种方式下，双方都可同时进行收发消息。很明显，全双工通信的信道必须是双向信道。生活中全双工通信的例子非常多，如普通电话、手机等。

GSM 频段：中国 GSM 手机占用频段主要是 900MHz 和 1800MHz。实质上 1800MHz 也是由于手机用户数量的激增，造成了手机通信网络系统处于超负荷运转状态，最终导致了手机在通信时很容易出现类似于掉线、串音、话音质量不好、难以上网等故障现象。为了解决这些故障现象，越来越多的手机运营商和生产商开始意识到解决这个问题的迫切性，并不断采取相关措施来进一步扩容手机网络系统，于是 GSM1800MHz 便应运而生了，又被称为 DCS1800（数字蜂窝系统），它的出现，使基于 GSM900、1800 的双频网络变为现实。

使用 GSM900/GSM1800 双频手机，用户可以在 GSM900 与 GSM1800 之间自由切换，可以有效地避免以往掉线、通话难和音质差等问题，较以前只使用 GSM900 网的通话更加方便。对 GSM900 与 GSM1800 这两个频段进行一下简单的比较：频段 GSM900,GSM1800 电波穿透较弱，CSM1800 电波穿透力较强；CSM900 适合使用地区为郊区，CSM1800 适合使用地区为盲区；同一面积所需基地站数，CSM900 需要的少，CSM1800 需要的多；CSM900 与 CSM1800 保密性都较好。为了能进一步扩大手机网络系统的运行容量，提高手机通信时的语音质量，最近在市场上又推出了一种“三频手机”。所谓的“三频”就是包含 3 个工作频率，这三个工作频率就是 GSM900MHz、DCS1800MHz 以及 PCS1900MHz，依此类推，所谓的“三频手机”就是指手机可以同时接收 GSM900MHz、DCS1800MHz 以及 PCS1900Mhz 这三个频率段的信号，从中作出选择，哪一频段的信号强，就选择那一基站的信号，如果一方接不通，可以自由转到另一个频段的信号上。它实际上就是扩大了手机的接通率。在一些手机用户比较集中的地区，尤其适合使用三频手机，因为三频手机能够灵活地在 GSM900、DCS1800 和 PCS1900 之间进行切换，以便始终保持通话不断及通话质量。PCS1900 兆网，是北美地区(美国、加拿大)及欧洲国家通信网络领域普遍使用的网段。由于三频手机能同时工作在三个不同频率的网段之中，因此三频手机无疑具有这三种网络的特点。从技术角度而言，GSM1800 因为频段高，使信号穿透能力强，因此在高楼林立的复杂环境中能带来良好的通话质量和通信覆盖；而 PCS1900 频道，在北美地区（美国、加拿大）及欧洲地区有着良好的通信能力，这无疑为那些频繁来往于洲际间的人士提供了他们所需要的服务。

对于运营商而言，三频段网络的构筑，则彻底地缓解了 GSM900 所存在的频段与容量的问题，使网络进一步优化，热点地区的话务量高峰得到有效缓解，接通率更高，从而使业务量大大提升。

对于用户而言，三频手机的出现对其影响将是最为深远的，同时又将是最实际的，因为使用三频手机，通过三频网络的漫游，掉线现象将大大减少，手机的应用将更加自由。三频手机可以使用户自由地在五大洲 120 个国家进行通信。

CDMA 频段：CDMA1X：CDMA1X 采用扩频速率为 SR1，即指前向信道和反向信道均用码片速率 1.2288Mbit/s 的单载波直接系列扩频方式。因此，它可以方便地与 IS–95（A/B）后向兼容，实现平滑过渡。由于 CDMA1X 采用了反向相干解调、快速前向功控、发送分集、Turbo 编码等新技术，其容量比 IS–95 大为提高。在相同条件下，对普通话音业务而言，容量大致为 IS–95 系统的两倍。CDMA1X 网络可以作为话音业务的承载平台，也可以作为无线接入 Internet 分组数据承载平台，既可以为

用户提供传统的话音业务，也可以为用户提供端对端分组传输模式的数据业务。

CDMA800MHz：联通在初建 CDMA 网络之时，正逢电信长城移交给联通，使联通轻松获得了 800MHz 频段上的双向 10M 频率资源，而这就使联通具有了宝贵的频率资源。因此，联通就利用其在 800MHz 频段上的资源建立了 CDMA 网络。

CDMA 网络是由联通统一建设和运营，这一独家运营权所能带来的市场空间也是很明显的。有了 CDMA 网的支持，联通可以实现许多新的增值数据业务，由此可能会赢得更多的 CDMA 用户。

目前，手机制式主要包括 GSM、CDMA、3G 三种，手机自问世至今，经历了第一代模拟制式手机（1G），第二代 GSM、TDMA 等数字手机（2G），第 2.5 代移动通信技术 CDMA 和第三代移动通信技术 3G。

模拟网：模拟网的信号以模拟方式进行调制，其模拟级数采用的是频分多址。（移动通信规定的频段为 905 ~ 915MHZ，每 25KHz 为 1 个信道，支持一对用户通话）。中国的模拟网有 A 网（Motorola 设备）及 B 网（Ericsson 设备）之分，现在两网已实现互通。模拟网信号失真度小，因而音质可与有限电话比美。且由于建设较早,覆盖完善,全国大部分县级城市均有覆盖。模拟网的缺点是其信道数量相对较少，保密性差。

GSM 数字网：GSM（GlobalSystemForMobileCommunication）网即全球移动通信系统，又称"全球通"，很多公司参与了标准的制定工作。GSM 数字移动通信系统是由欧洲主要电信运营者和制造厂家组成的标准化委员会设计出来的，它是在蜂窝系统的基础上发展而成的。我国自 1994 年年底开始，在十多个省市筹建 GSM 蜂窝移动通信网，其发展势头世人皆叹，到现在 GSM 数字网已覆盖全国 30 多个省（区、市），300 多个地区和 2000 多个县市，并可与 40 多个国家实现漫游。GSM 采用的是数字调制技术，其关键技术之一是时分多址（每个用户在某一时隙上选用载频且只能在特定时间下收信息），GSM 系统有几项重要特点：防盗拷能力佳、网络容量大、号码资源丰富、通话清晰、稳定性强不易受干扰、信息灵敏、通话死角少、手机耗电量底等。因此，其话音清晰，保密性较好，能提供的数据传输服务较多。GSM 网能支持的用户数量为模拟网的 1.8 ~ 2 倍。

由于 GSM 发展极快，在其 900MHz 频段满以后，又开辟了 GSM1800 频段，手机工作在 900MHz 和 1.8GHz 频段以及 GSM1900MHz 等几个频段。

GPRS：GPRS 是 GeneralPacketRadioService 的英文简称，中文为通用无线分组业务，是一种基于 GSM 系统的无线分组交换技术，提供端到端的、广域的无线 IP 连接。相对原来 GSM 的拨号方式——电路交换数据传送方式，GPRS 是分组交换技术，具有“实时在线”、“按量计费”、“快捷登录”、“高速传输”、“自如切换”的优点。通俗地讲，GPRS 是一项高速数据处理的技术，方法是以“分组”的形式传送资料到用户手上。虽然 GPRS 是作为现有 GSM 网络向第三代移动通信过渡的过渡技术，但是它在许多方面都具有显著的优势。

由于使用了“分组”技术,用户上网相对稳定,避免了不必要的短线带来的困扰。此外，使用 GPRS 上网的方法与 WAP 并不同，用 WAP 上网就如在家中上网，先“拨号连接”，而上网后便不能同时使用该电话线，但 GPRS 就较为优越，下载资料和通话是可以同时进行。从技术上来说，声音的传送（即通话）继续使用 GSM，而数据的传送便可使用 GPRS，这样的话，就把移动电话的应用提升到一个更高的层次。而且发展 GPRS 技术也十分“经济”，因为只须沿用现有的 GSM 网络来发展即可。GPRS 的用途十分广泛，包括通过手机发送及接收电子邮件，在互联网上浏览等。

TDMA：TDMA 是 TimeDivisionMultipleAccess 的缩写，这是一种用 Time-DivisionMultiplexing（时分多址）来提供无线数字服务的技术，它代表的是一种移动电话系统的数字信号传输技术。TDMA 把一个射频分成多个时隙，再把这些时隙分给多组通话。这样，一个射频可以同时支持多个数据频道，目前该技术已成为今天的 D-AMPS 和 GSM 系统的基础。GSM 数字机和模拟手机话音相比，GSM 数字手机的话音是被数字化之后才在无线信道上传送的，它不像模拟移动电话那样容易被干扰，因此通话时话音清晰、干扰小。但是，因传送的是数字化的话音，也存在话音有些失真的缺点。相对来说模拟手机的话音失真度比 GSM 数字机要小。现在，有关部门正在研究开发更先进的话音数字化编码技术，以降低 GSM 手机的话音失真度。

CDMA 数字网：CDMA 是码分多址的英文缩写（CodeDivisionMultipleAccess），它是在数字技术的分支—扩频通信技术上发展起来的一种崭新而成熟的无线通信技术。它能够满足市场对移动通信容量和品质的高要求，具有频谱利用率高、话音质量好、保密性强、掉线率低、电磁辐射小、容量大、覆盖面广等特点，可以大量减少投资和降低运营成本。业内运营者们正努力在他们的系统中增加用户数量，降低每位用户的费用，创造更大的利润并积极加强市场渗透。码分多址技术就是解决这一问题的数字通信技术之一。其优势为：高效的频带利用率和更大的网络容量、简化网络规化、提高通话质量、增强保密性、提高覆盖特性、延长用户通话时间软音量和“软”切换上网速度更快。目前国内采用 CDMA 技术的“中国长城移动通信网”已在北京、上海、广州、西安等地开通。CDMA 是数字网络技术的最新发展，美国是发源地并且应用最广泛。CDMA 手机话音清晰，接近有线电话，信号覆盖好，不易掉线。

CDMA 手机与 GSM 手机相比：CDMA 手机具有以下优点：CDMA 手机采用了先进的切换技术：软切换技术（即切换是先接续好后再中断），使得 CDMA 手机的通话可以与固定电话媲美；使用 CDMA 网络，运营商的投资相对减少，这就为 CDMA 手机资费的下调预留了空间；因采用以拓频通信为基础的一种调制和多址通信方式，其容量比模拟技术高 10 倍，超过 GSM 网络约 4 倍；基于宽带技术的 CDMA 使得移动通信中视频应用成为可能，从而使手机从只能打电话和发送短信息等狭窄的服务中走向宽带多媒体应用。

GSM1X；所谓 GSM1X 就是指支持两种制式网络的双模手机，主要有 GSM/PHS 与 GSM/CDMA 两种双模手机，比 GSM/GPRS 大大提高了上网的速度，其中 GSM/PHS 手机目前仅有 Sanyo 的 PDG-G1000（即台湾大众电信销售的 J100 与 UT 的 UT818），GSM/CDMA 双模手机则主要是国内上市的三星、LG 与摩托罗拉三款型号。GSM1x 可以作为一种技术方案，使中国联通在保留已有的 GSM 业务层和 SIM 卡用户特征的基础上，让其现有的 GSM 用户享受到增强的 CDMA1X 业务的好处。GSM1X 集中了 CDMA1X 和 GSM-MAP 的优势，是使用任何频率的 GSM 运营商均可采用提供 CDMA1X 业务的解决方案 GSM1x 可以最大限度地利用运营商在现有 GSM-MAP 网络上的投资，并保留系统中能够提供的所有主要功能和业务。GSM1X 能够提高运营商的话音和数据容量，同时支持在一个 GSM 网上叠加 CDMA1X 网络，使用基于 SIM 卡的 GSM/CDMA 双模手机，以及推动跨 GSM 和 CDMA 双网的全球漫游。

3G 是第三代移动通信技术，是下一代移动通信系统的通称。3G 系统致力于为用户提供更好的语音、文本和数据服务。与现有的技术相比较而言，3G 技术的主要优点是能极大地增加系统容量、提高通信质量和数据传输速率。此外利用在不同网络间的无缝漫游技术，可将无线通信系统和 Internet 连接起来，从而可对移动终端用户提供更多、更高级的服务。3G 技术的标准：国际电信联盟（ITU）早在 2000 年 5 月即确定了 W-CDMA、CDMA2000 和 TD-SCDMA 三个主流 3G 标准。WCDMA：WCDMA 全名是（WidebandCodeDivisionMultipleAccess），中文译名为“宽带分码多工存取”，WCDMA 源于欧洲和日本几种技术的融合。它采用 MC-FDD 双工模式，与 GSM 网络有良好的兼容性和互操作性。作为一项新技术，它在技术成熟性方面不及 CDMA2000，但其优势在于 GSM 的广泛采用能为其升级带来方便。因此，近段时间也倍受各大厂商的青睐。WCDMA 采用最新的异步传输模式（ATM）微信元传输协议，能够允许在一条线路上传送更多的语音呼叫，呼叫数由现在的 30 个提高到 300 个，在人口密集的地区线路将不再容易堵塞。WCDMA 采用直扩（MC）模式，载波带宽为 5MHz，它可支持 384Kbps 到 2Mbps 不等的数据传输速率，在高速移动的状态，可提供 384Kbps 的传输速率，在低速或是室内环境下，则可提供高达 2Mbps 的传输速率。而 GSM 系统目前只能传送 9.6Kbps，固定线路 Modem 也只是 56Kbps 的速率，由此可见 WCDMA 是无线的宽带通信。

无线通信是利用电磁波信号可以在自由空间中传播的特性进行信息交换的一种通信方式，近些年信息通信领域中，发展最快、应用最广的就是无线通信技术。在移动中实现的无线通信又通称为移动通信，人们把二者合称为无线移动通信。

从最初的电报开始经过 150 多年的现代电信的发展是来自各界成千上万的科学家、工程师和研究人员的辛勤劳动的结果。他们当中只有少数独立负责发明的人成了名，而大多数达到顶点的发明是许多个人的成果。这里汇集了部分对于无线电通信发展中起到重要作用的历史人物。

克拉克：1917 年出生英格兰的 Minehead。在苏联（USSR）发射第一个人造地球卫星 Sputnik-1 前 12 年，克拉克于 1945 年在“无线世界”中发表文章建议利用静止卫星实现世界范围的无线电覆盖。从此，卫星通信成为世界通系统的非常重要的组成部分。克拉克的其他发明有地球观测的卫星平台的利用和操作灵活的低加速的星际间飞行的太阳帆。

专网通信是指为政府与公共安全、公用事业和工商业等提供的应急通信、指挥调度、日常工作通信等服务。相比公网通信，专网通信网络更强调社会效益，系统更加关注通信管理、可靠、高效与安全等特性，终端为适应特定工作环境更强调防水、防尘、防震、防爆等安全特性。

终端产品按技术可分为常规终端和集群终端。常规终端可以实现端到端直接通话，或者通过中转台（不需要额外的控制系统）实现直接通话，主要应用于工商业及部分公用事业；集群终端需要通过集群通信系统的控制实现通话，主要用于政府与公共安全及公用事业。终端产品按形态主要可分为手持机、车载台和中转台（用于通信信号的放大与中转）三大类。

系统产品主要包括集群系统和同播系统。集群系统是一种能够自动共享系统内所有信道并完成信道自动指配的高效无线调度通信系统。同播系统是一种通过使用同一对收发频率完成多区域大范围覆盖的通信系统。系统产品一般由基站、中心控制、中心交换、系统管理与维护、调度台、录音子系统、网关、联网系统、联网系统管理与维护等部分组成。系统用户主要为政府、公共安全、交通运输、石油石化、大型制造业等部门或行业。

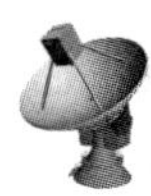

二、多址技术

多址技术是指实现小区内多用户之间，小区内外多用户之间通信地址识别的技术。多址技术多用于无线通信。多址技术又称为多址接入技术。

在无线通信系统中，多用户同时通过同一个基站和其他用户进行通信，必须对不同用户和基站发出的信号赋予不同特征。这些特征使基站从众多手机发射的信号中，区分出是哪一个用户的手机发出来的信号；各用户的手机能在基站发出的信号中，识别出哪一个是发给自己的信号。在无线通信系统中，使用多址技术寻址。

TACS 模拟通信采用的是频分复用技术，GSM 数字通信采用的是频分复用和时分复用相结合的多址技术，CDMA 采用码分多址技术。由于 3G 系统采用码分多址技术，对扩频码的选择也就变得很重要。IS–95 系统中采用了 64 位 Walsh 函数作为扩频码，前向信道的性能可以得到保证但反向信道性能还不尽如人意。

OVSF 码：互相正交的一组码。表示法：Cch，SF，j–SF 表示矩阵的阶数，也是扩频系数；j 表示矩阵中的第 j+1 行。由于正交特性，用来区分同一扇区内不同的信道（用户）是有限的，如 SF=256，就是一个 256 阶的矩阵，共 256 行，就表示只有 256 个不同的 OVSF 码，只能区分 256 个用户。

多址技术是指把处于不同地点的多个用户接入一个公共传输媒质，实现各用户之间通信的技术。多址技术多用于无线通信。多址技术又称为“多址连接”技术。下面以卫星通信为例说明频分多址、时分多址和码分多址的概念。

多址技术分为频分多址（FDMA）、时分多址（TDMA）、码分多址（CDMA）、空分多址（SDMA）。频分多址是以不同的频率信道实现通信。时分多址是以不同时隙实现通信。码分多址是以不同的代码序列来实现通信的。空分多址是以不同方位信息实现多址通信的。目前，人们对正交变扩频因子码（OVSF）进行了广泛研究，希望彻底解决其生成方法、可用数目和复用等问题；同时对 CDMA/PRMA 多址协议也给予了极大关注被视作传统分组预约多址（PRMA）初议的扩展。3G 系统中多址技术包括 CDMA 系统中地址码和各种多址协议两方面研究，对扩频码的选择也就变得很重要。

是让不同的地球通信站占用不同频率的信道进行通信。因为各个用户使用着不同频率的信道，所以相互没有干扰。早期的移动通信就是采用这个技术。

这种多址技术是让若干个地球站共同使用一个信道。但是占用的时间不同，所以相互之间不会干扰。显然，在相同信道数的情况下，采用时分多址要比频分多址能容纳更多的用户。现在的移动通信系统多数用这种多址技术。

这种多址技术也是多个地球站共同使用一个信道。但是每个地球站都被分配有一个独特的“码序列”，与所有别的“码序列”都不相同，所以各个用户相互之间也没有干扰。因为是靠不同的“码序列”来区分不同的地球站,所以叫作“码分多址”。采用 CDMA 技术可以比时分多址方式容纳更多的用户。这种技术比较复杂，但现在已经为不少移动通信系统所采用。在第三代移动通信系统中，也采用宽带码分多址技术。

是利用空间分割来构成不同信道的技术。举例来说，在一个卫星上使用多个天线，各个天线的波束分别射向地球表面的不同区域。这样，地面上不同区域的地球站即使在同一时间使用相同的频率进行通信，也不会彼此形成干扰。

空分多址是一种信道增容的方式，可以实现频率的重复使用，有利于充分利用频率资源。空分多址还可以与其他多址方式相互兼容，从而实现组合的多址技术，如“空分－码分多址”（SD-CDMA）。

三、无线接入技术

无线接入技术（radiointerfacetechnologies，RIT），无线接入技术（也称空中接口）是无线通信的关键问题。它是指通过无线介质将用户终端与网络节点连接起来，以实现用户与网络间的信息传递。无线信道传输的信号应遵循一定的协议，这些协议即构成无线接入技术的主要内容。无线接入技术与有线接入技术的一个重要区别在于可以向用户提供移动接入业务。无线接入网是指部分或全部采用无线电波这一传输媒连接用户与交换中心的一种接入技术。在通信网中，无线接入系统的定位，是本地通信网的一部分，是本地有线通信网的延伸、补充和临时应急系统。

典型的无线接入系统主要由控制器、操作维护中心、基站、固定用户单元和移动终端等几个部分组成。各部分所完成的功能如下。

控制器通过其提供的与交换机、基站和操作维护中心的接口与这些功能实体相连接。控制器的主要功能是处理用户的呼叫（包括呼叫建立、拆线等），对基站进行管理，通过基站进行无线信道控制、基站监测和对固定用户单元及移动终端进行

监视和管理。

操作维护中心负责整个无线接入系统的操作和维护，其主要功能是对整个系统进行配置管理，对各个网络单元的软件及各种配置数据进行操作：在系统运转过程中对系统的各个部分进行监测和数据采集；对系统运行中出现的故障进行记录并告警。除此之外，还可以对系统的性能进行测试。

基站通过无线收发信机提供与固定终接设备和移动终端之间的无线信道，并通过无线信道完成话音呼叫和数据的传递。控制器通过基站对无线信道进行管理。基站与固定终接设备和移动终端之间的无线接口可以使用不同技术，并决定整个系统的特点，包括所使用的无线频率及其一定的适用范围。

固定终接设备为用户提供电话、传真、数据调制解调器等用户终端的标准接口——Z 接口。它与基站通过无线接口相接。并向终端用户透明地传送交换机所能提供的业务和功能。固定终接设备可以采用定向天线或无方向性天线，采用定向天线直接指向基站方向可以提高无线接口中信号的传输质量、增加基站的覆盖范围。根据所能连接的用户终端数量的多少；固定终接设备可分为单用户单元和多用户单元。单用户单元（SSU）只能连接一个用户终端；适用于用户密度低、用户之间距离较远的情况；多用户单元则可以支持多个用户终端，一般较常见的有支持 4 个、8 个、16 个和 32 个用户的多用户单元，多用户单元在用户之间距离很近的情况下（比如一个楼上的用户）比较经济。

移动终端从功能上可以看作将固定终接设备和用户终端合并构成的一个物理实体。由于它具备一定的移动性，因此支持移动终端的无线接入系统除了应具备固定无线接入系统所具有的功能外，还要具备一定的移动性管理等蜂窝移动通信系统所具有的功能。如果在价格上有所突破，移动终端会更受用户及运营商的欢迎。无线接入系统中的各个功能实体通过一系列接口相互连接，并通过标准的接口与本地交换机和用户终端相互连接。在无线接入系统中最重要的两个接口是控制器与交换机之间的接口和基站与固定终接设备之间的无线接口。除此之外，无线接入系统所包含的接口还有控制器与基站之间的接口、控制器与网管中心之间的接口以及固定终接设备与用户终端之间的接口。下面对这些接口作一个介绍。

工作在 470MHz 频率以下，通过 FDMA 方式实现，因载频带宽小于 25KHz，其用户容量小，仅可提供话音通信或传真等低速率数据通信业务，适用于用户稀少、业务量低的农村地区。在超短波频率已大量使用的情况下，在超短波频段给无线接入技术规划专用的频率资源不会很多。因此，无线接入系统在与其他固定、移动无线电业务互不干扰的前提下可共用相同频率。

工作在 1700MHz 频率以上，宽带载波可提供话音通信或高速率、图像通信等业务，其具有通信范围广、处理业务量大的特点，可满足城市和农村地区的基本需求。

可提供话音通信或中速率数据通信等业务。欧洲的 DECT、日本的 PHS 等技术体制和采用 PHS 体制的 UT 斯达康的小灵通等系统用途比较灵活，既可用于公众网无线接入系统，也可用于专用网无线接入系统。最适宜建筑物内部或单位区域内的专用无线接入系统。也适宜公众通信运营企业在用户变换频繁、业务量高的展览中心、证券交易场所、集贸市场组建小区域无线接入系统，或在小海岛上组建公众无线接入系统。

利用模拟蜂窝移动通信技术，如 TACS、AMPS 等技术体制和数字蜂窝移动通信技术？如 GSM、DAMPS、IS-95CDMA 和正在讨论的第 3 代无线传输技术等技术体制组建无线接入系统，但不具备漫游功能。这类技术适用于高业务量的城市地区。

四、4G 通信技术

4G 是第四代通信技术的简称，G 是 generation（一代）的简称。4G 系统能够以 100Mbps 的速度下载，比目前的拨号上网快 2000 倍，上传的速度也能达到 20Mbps，并能够满足几乎所有用户对于无线服务的要求。而在用户最为关注的价格方面，4G 与固定宽带网络在价格方面不相上下，而且计费方式更加灵活机动，用户完全可以根据自身的需求确定所需的服务。此外，4G 可以在 DSL 和有线电视调制解调器没有覆盖的地方部署，然后再扩展到整个地区。

2013 年 12 月 4 日下午，工业和信息化部正式发放 4G 牌照，宣告我国通信行业进入 4G 时代。2015 年 9 月，调研公司发布 4G 网速报告，中国 4G 网络下载速度为 13Mbps，位居全球排名第 38 位。前三位分别是：新西兰、新加坡和罗马尼亚。

随着数据通信与多媒体业务需求的发展，适应移动数据、移动计算及移动多媒体运作需要的第四代移动通信开始兴起，因此有理由期待这种第四代移动通信技术给人们带来更加美好的未来。另外，4G 也因为其拥有的超高数据传输速度，被中国物联网校企联盟誉为机器之间当之无愧的“高速对话”。

2001 年 12 月 ~ 2003 年 12 月，开展 Beyond3G/4G 蜂窝通信空中接口技术研究，完成 Beyond3G/4G 系统无线传输系统的核心硬、软件研制工作，开展相关传输实验，向 ITU 提交有关建议；

2004 年 1 月 ~ 2005 年 12 月，使 Beyond3G/4G 空中接口技术研究达到相对成

熟的水平，进行与之相关的系统总体技术研究（包括与无线自组织网络、游牧无线接入网络的互联互通技术研究等），完成联网试验和演示业务的开发，建成具有Beyond3G/4G技术特征的演示系统，向ITU提交初步的新一代无线通信体制标准；

2006年1月～2010年12月，设立有关重大专项，完成通用无线环境的体制标准研究及其系统实用化研究，开展较大规模的现场试验。2010年是海外主流运营商规模建设4G的元年，多数机构预计海外4G投资时间还将持续3年左右。2012年国家工业和信息化部部长苗圩表示：4G的脚步越来越近，4G牌照在一年左右时间中就会下发。

2013年，“谷歌光纤概念”开始在全球发酵，在美国国内成功推行的同时，谷歌光纤开始向非洲、东南亚等地推广，给全球4G网络建设再次添柴加火。同年8月，国务院总理李克强日前主持召开国务院常务会议，要求提升3G网络覆盖和服务质量，推动年内发放4G牌照。12月4日正式向三大运营商发布4G牌照，中国移动、中国电信和中国联通均获得TD-LTE牌照，不过中国联通和中国电信热切期待的FDD-LTE牌照，暂未发放。

由于目前的WCDMA网络的升级版HSPA和HSPA+均能够演化到FDD-LTE这一状态，包括中国自主的TD-SCDMA网络也将绕过HSPA直接向TD-LTE演进，所以这一4G标准获得了最大的支持，也将是未来4G标准的主流。该网络提供媲美固定宽带的网速和移动网络的切换速度，网络浏览速度大大提升。

LTE终端设备当前有耗电太大和价格昂贵的缺点，按照摩尔定律测算，估计至少还要6年后，才能达到当前3G终端的量产成本。

802.16工作的频段采用的是无须授权频段，范围在2GHz～66GHz，而802.16a则是一种采用2G～11GHz无须授权频段的宽带无线接入系统，其频道带宽可根据需求在1.5M～20MHz范围进行调整，目前具有更好的高速移动下无缝切换的IEEE802.16m技术正在研发。因此，802.16所使用的频谱可能比其他任何无线技术更丰富，WiMax具有以下优点：对于已知的干扰，窄的信道带宽有利于避开干扰，而且有利于节省频谱资源。 灵活的带宽调整能力，有利于运营商或用户协调频谱资源。WiMax所能实现的50公里的无线信号传输距离是无线局域网所不能比拟的，网络覆盖面积是3G发射塔的10倍，只要少数基站建设就能实现全城覆盖，能够使无线网络的覆盖面积大大提升。

不过WiMax网络在网络覆盖面积和网络的带宽上优势巨大，但是其移动性却有着先天的缺陷，无法满足高速（≥50km/h）下的网络的无缝链接，从这个意义上讲，WiMax还无法达到3G网络的水平，严格地说并不能算作移动通信技术，而仅仅是无线局域网的技术。但是 WiMax 的希望在于 IEEE802.11m 技术上，将能够有效地解决这些问题，也正是因为有中国移动、英特尔、Sprint 各大厂商的积极参与，WiMax 成为呼声仅次于 LTE 的 4G 网络手机。关于 IEEE802.16m 这一技术，我们将留在最后作详细的阐述。Wimax 当前全球使用用户大约 800 万，其中 60% 在美国。Wimax 其实是最早的 4G 通信标准，大约出现于 2000 年。

WirelessMAN-Advanced：WirelessMAN-Advanced 事实上就是 WiMax 的升级版，即 IEEE802.16m 标准，802.16 系列标准在 IEEE 正式称为 WirelessMAN，而 WirelessMAN-Advanced 即为 IEEE802.16m。其中，802.16m 最高可以提供 1Gbps 无线传输速率，还将兼容未来的 4G 无线网络。802.16m 可在“漫游”模式或高效率/强信号模式下提供 1Gbps 的下行速率。该标准还支持“高移动”模式，能够提供 1Gbps 速率。

目前的 WirelessMAN-Advanced 有 5 种网络数据规格，其中极低速率为 16kbps，低数率数据及低速多媒体为 144kbps，中速多媒体为 2Mbps，高速多媒体为 30Mbps 超高速多媒体则达到了 30Mbps ~ 1Gbps。但是该标准可能会率先被军方所采用，IEEE 方面表示军方的介入将能够促使 WirelessMAN-Advanced 更快的成熟和完善，而且军方的今天就是民用的明天。不论怎样，WirelessMAN-Advanced 得到 ITU 的认可并成为 4G 标准的可能性极大。

现在很多手机都配有能摄像的高级摄像头，所以把视频应用引入移动网络就不足为奇了。在初期大家可能只是简单的用 Apple 的 iPhone 或者使用基于 GoogleAndroid 系统的设备上传自家宝宝的一段视频。但也有专业的应用提供者，如 QiK，提供支持手机到互联网的在线视频流服务，理论上可以把任何带着智能手机的人立刻变成现场新闻记者。

尽管这样的服务不会吸引到所有的人，但专业的广播团队一定会在 4G 服务可用后转而用之。至少在理论上，正在建设的 4G 网络 WiMax 和 LTE 比起卫星的 Trunk（端口汇聚）处理起广播级品质的数据来成本会更低且更快。开发者诺曼创新公司提供的基于 WiMax 的调制解调器，可以安装在专业的摄像机后部，这样就不需要现场有卫星连线了。

终端上自带前置摄像头的产品如三星的新型 MID、Mondi 和即将推出的 HTCEVO4G（这两款产品都支持 Clearwire 或 Sprint 的 WiMax 网络），预示了使用 Skype 或 OoVoo 等服务的个人视频会议的蓬勃发展。由于 Verizon 近来在它的终端上支持了 Skype，更多的人将会有可能使用这个流行的 VoIP 工具中的视频功能。

我们认为游戏玩家们会对 4G 服务的速度和移动性有强烈的热情。长期来

看，在线玩家有可能是4GWiFi路由器的最大用户群，像是Sprint的Overdrive和Clearwire的ClearSpot就是通过使用小型WiFi网络快速接收4G信号然后将其转到游戏终端。大部分的游戏平台都支持WiFi连接，你可以很容易地使用便携式调制解调器与5到8个（视你购买的调节解调器而定）不同的设备分享4G连接。

在一些服务如使用微软的XboxLive上使用便携式的“口袋站点”路由器就可以玩转临时的游戏聚会，这是一个明显应用4G网络优势的方式。同时，4G网络对潜伏期的改善似乎也是专门为在线游戏定制的，因为对于在线游戏玩家来说更快的网络响应速度意味着生死（虚拟的）差异。SprintHTCEVO4GWiMax手机内装了WiFi路由器，它可以支持8个额外的设备，使此款手机可以用作便携式宽带集线器来聚集游戏玩家。

使用扩容的4G网络将使得云计算——用于在线存储的数据和应用——比今天更加吸引人，尤其是对企业里的专业人员来说他们需要接入网上交易繁忙的应用，如Salesforce.com的CRM平台和很多实时合作平台。如果从云服务到移动设备的宽带传输的管道变大10倍，云服务对于移动用户来说在可靠性，功能性和安全性方面都会有显著的改善。

也许你并不认同Hulu和Netflix是基于云的视频服务，而且也许他们可能不管它叫作“云计算”，但各类的消费者都有可能大量的使用更加快速的无线连接在像Hulu.com和Netflix.com这样的站点看未删节的电视节目和电影。

很多大学已经在探索更多的能把4G网络和便携电脑或平板电脑，如Apple的iPad，进行融合方法来取代实物教科书。

杂志和报纸出版社希望4G连接和新产品的设计（如iPad）能使他们对提供更多元素如视频和图片的高级内容收费，这就要求比3G连接更快的宽带连接以用于为电子书阅读器如Amazon的Kindle上传数字书籍。

Junaio为移动设备提供的增强现实技术。想象一个这样的场景：JunaioNavigation，通常都是和譬如GoogleMaps捆绑在一起的，是3G设备如iPhone里最流行的下载之一。有了4G网络中更好的带宽，导航应用的提供商们已经开始探索“现实技术”这个想法了，用了这个技术设备就可以使用电话的实时摄像头提供实时的视频数据和它的位置或GPS信息。

终端用户获益范围从适度（比如可以用你的手机看到最近的星巴克在哪儿）到极强。举一个比较强的例子，想象一个可以有4G功能的头盔放映一装大楼建筑图到消防员的面罩上，这能帮助他们在充满烟雾的大楼里面找到通路。增强现实导航技术将可能在车载系统中更加流行和得到广泛的应用，如在福特的Sync和通用的

OnStar 中。在车载系统中可以将现实技术应用和显示与天线、GPS 系统和车内供电系统更好地集成。

在 FCC（联邦通信委员会）为它所提倡的独立 4G 网络破土动工第一批响应站之前，你就可以看到当地警察局，消防局和医疗机构把大笔的投资用于 4G 系统建设，其旨在提供更快、更好且更廉价的医疗和紧急救援。

网络巨人 Cisco 和服务提供商 AT&T 已经在为卫生保健应用开发独特的工具和服务，使用 4G 网络的能力来迅速传输大文件（像是 X 光片），为医生远程监督和指导提供互动视频。4G 部署的繁荣发展（相继会带来成本降低）也会使农村社区更加容易建设远程医疗中心，医生可以通过视频会议为病患“看”病。正运作着的政府补助金和刺激基金应该用于资助 4G 技术中这样的热心于公益的应用。

由于从 3G 到 4G 最大的改变在于带宽的提升，没有颠覆性的改变，因此手机从形态到功能也依旧会延续 3G 时代的特点。从现在已经上市的数款支持 TD-LTE 的 4G 手机来看，主要还是各厂商在 3G 时代主力产品的升级版，如三星 NOTE2 的 LTE 版、华为 D2 的 LTE 版，以及苹果的 iPhone5S 等。当然，今后手机产品还是会有进步和变革，如柔性屏幕手机等，但这些变化已经与通信技术的迭代无关。

综合来看，移动通信网络的部署可以直接和间接地拉动经济增长，创造就业岗位，这是必然的。以 3G 发展为例，我国 3G 发展头三年（2008-2011），已直接带动投资 4556 亿元，间接拉动投资 22300 亿元；直接带动终端业务消费 3558 亿元，间接拉动社会消费 3033 亿元；直接带动 GDP 增长 2110 亿元，间接拉动 GDP 增长 7440 亿元。同时，3G 发展也增加了社会就业机会，3 年直接带动增加就业岗位 123 万个，间接拉动增加就业岗位 266 万个。

除了 4G 网速，4G 业务贵不贵无疑也是广大用户最为关注的问题。由于中国 4G 牌照刚刚发放，运营商还没有正式推出 4G 商用套餐，不过从北京移动推出的几档体验套餐上，可以看到未来 4G 资费的大体方案。

4G 研究的最初目的就是提高蜂窝电话和其他移动装置无线访问网络的速率，理论上能以 100MB 的速度下载，以 20M 的速度上传。从目前全球范围 4G 网络测试和运行的结果看，4G 网络速度大致可比 3G 网络快 10 倍，意味着能够传输高质量视频图像，与高清晰度电视不相上下。

网络频谱宽运营商在 3G 通信网络的基础上进行了大幅度的改造和研究，以求 4G 网络在通信带宽上比 3G 网络的蜂窝系统高出许多，预计相当于 3G 网络的 20 倍。

3G 移动通信系统主要是以 CDMA 为核心技术，4G 则以正交多任务分频技术（OFDM）最受瞩目，利用这种技术可以实现如无线区域环路（WLL）、数字音讯广

播（DAB）等方面的无线通信增值服务。4G 不再局限于电信行业，还可以应用于金融、医疗、教育、交通等行业，使局域网、互联网、电信网、广播网、卫星网等能够融为一体组成一个通播网，无论使用什么终端，都可享受高品质的信息服务，向宽带无线化和无线宽带化演进。

第一代移动通信标准简称 1G，技术种类为 AMPS，也就是类比式移动电话系统，是最早期的移动电话系统，它的传输速率无法提供资料传输，主要是提供一般语音通信服务。例如，大哥大。第二代移动通信技术为 2G，语音加低速数据业务，基本是电话和短信。第三代通信技术为 3G，具有更快的网速，可以提供网页浏览、音乐等基本业务。第四代通信技术为 4G，具有 100Mbps 以上的下载速度，能流畅承载视频、电话会议等业务。

对于人们来说，未来的 4G 通信的确显得很神秘，不少人都认为第四代无线通信网络系统是人类有史以来发明的最复杂的技术系统，的确第四代无线通信网络在具体实施的过程中出现大量令人头痛的技术问题，多和互联网有关，并且需要花费好几年的时间才能解决。总的来说，要顺利、全面地实施 4G 通信，可能遇到下面的一些困难：

虽然从理论上讲，3G 手机用户在全球范围都可以进行移动通信，但是由于没有统一的国际标准，各种移动通信系统彼此互不兼容，给手机用户带来诸多不便。因此，开发第四代移动通信系统必须首先解决通信制式等需要全球统一的标准化问题，而世界各大通信厂商对此一直争论不休。

尽管未来的 4G 通信能够给人带来美好的明天，现已研究出来，但并未普及。就研究这项技术的开发人员而言，要实现 4G 通信的下载速度还面临着一系列技术问题。例如，如何保证楼区、山区及其他有障碍物等易受影响地区的信号强度等问题。日本 DoCoMo 公司表示，为了解决这一问题，公司会对不同编码技术和传输技术进行测试。另外在移交方面存在的技术问题，使手机很容易在从一个基站的覆盖区域进入另一个基站的覆盖区域时和网络失去联系。由于第四代无线通信网络的架构相当复杂，这一问题显得格外突出。不过，行业专家们表示，他们相信这一问题可以得到解决，但需要一定的时间。

人们对未来的 4G 通信印象最深的莫过于它的通信传输速度会得到极大提升，从理论上说其所谓的 100MB/S 的宽带速度，比 2009 年最新手机信息传输速度 10KB/S 要快 1 万多倍，但手机的速度会受到通信系统容量的限制，如系统容量有限，手机用户越多，速度就越慢。据有关行家分析，4G 手机会很难达到其理论速度。如果速度上不去，4G 手机就要大打折扣。

有专家预测在10年以后,第三代移动通信的多媒体服务会进入第三个发展阶段,此时覆盖全球的3G网络已经基本建成,全球25%以上的人口使用第三代移动通信系统,第三代技术仍然在缓慢地进入市场,到那时整个行业正在消化吸收第三代技术,对于第四代移动通信系统的接受还需要一个逐步过渡的过程。另外,在过渡过程中,如果4G通信因为系统或终端的短缺而导致延迟的话,那么号称5G的技术随时都有可能威胁到4G的赢利计划,此时4G漫长的投资回收和赢利计划会变得异常的脆弱。

在部署4G通信网络系统之前,覆盖全球的大部分无线基础设施都是基于第三代移动通信系统建立的,如果要向第四代通信技术转移的话,那么全球的许多无线基础设施都需要经历大量的变化和更新,这种变化和更新势必减缓4G通信技术全面进入市场、占领市场的速度。

而且到那时,还必须要求3G通信终端升级到能进行更高速数据传输及支持4G通信各项数据业务的4G终端,也就是说4G通信终端要能在4G通信网络建成后及时提供,不能让通信终端的生产滞后于网络建设。但根据某些事实来看,在4G通信技术全面进入商用之日算起的二三年后,消费者才有望用上性能稳定的4G通信手机。

因为手机的功能越来越强大,而无线通信网络也变得越来越复杂,同样4G通信在功能日益增多的同时,其建设和开发也会遇到比以前系统建设更多的困难和麻烦。例如,每一种新的设备和技术推出时,其后的软件设计和开发必须及时能跟上步伐,才能使新的设备和技术得到很快推广和应用,但遗憾的是4G通信还只处于研究和开发阶段,具体的设备和用到的技术还没有完全成型,因此对应的软件开发也会遇到困难;另外费率和计费方式对于4G通信的移动数据市场的发展尤为重要,如WAP手机推出后,用户花了很多的连接时间才能获得信息,而按时间及信息内容的收费方式使用户难以承受,因此必须及早慎重研究基于4G通信的收费系统,以利于市场发展。

还有4G通信不仅需要区分语音流量和互联网数据,还需要具备能到数据传输速度很慢的第三代无线通信网络上平稳使用的性能,这就需要通信运营商们必须能找到一个很好的解决这些问题的方法,而要找到解决办法就必须首先在大量不同的设备上精确执行4G规范,要做到这一点,也需要花费好几年的时间。况且到了4G通信真正开始推行时,熟悉4G通信业务经验的专门技术人才还不多,这样同样也会延缓4G通信在市场上迅速推广的速度,因此到时对于设计、安装、运营、维护4G通信的专门技术人员还须早日进行培训。

作为国际主流4G标准之一，TD-LTE具有网速快、频谱利用率高、灵活性强的特点。TD-LTE制式具有灵活的带宽配比，非常适合4G时代用户的上网浏览等非对称业务带来的数据井喷，更能充分提高频谱的利用效率。

通信业界对4G牌照的发放期盼已久。业界认为，4G牌照的正式发放会对芯片、终端、设备厂商、行业应用等整个产业链产生巨大影响，改变通信运营商的运营方式，将推动宽带中国的建设，进一步促进信息消费增长。

支持LTE/3G多模多频是LTE终端的明确发展方向，也是国内运营商的发展思路。目前国内某些运营商已经公开表示将建设TDD/FDD融合组网，这对多模多频也提出了很高要求。中国移动也多次强调，TDD/FDD混合组网支持5模10频、5模12频及Band41是中国移动发展LTE智能终端的重点。

关于多模多频，业界普遍认为频段不统一是当今全球LTE终端设计的最大障碍——当前，全球2G、3G和4GLTE网络频段的多样性对移动终端开发构成了挑战。全球2G和3G技术各采用4到5个不同的频段，加上4GLTE，网络频段的总量将近40个。要支持多模多频，首先就需要终端集成能同时支持多种制式和频段的芯片。

从4G芯片的发展来看，4G芯片应该具备高度集成、多模多频、强大的数据与多媒体处理能力。全球4G手机大多数采用高通的芯片。博通、Marvell、英特尔、联发科、联芯科技、创毅视讯、展迅、海思等芯片厂商也有4G基带芯片产品推出，主要运用于MIFI、CPE等数据终端中。

在2013年8月初最新公布的中国移动2013年度TD-LTE终端采购的芯片使用上，采用高通芯片的比例超过60%，甚至有的预期称可能会占到中国移动2013年所有采购的4G终端产品的70%左右。

高通的LTE芯片强调高集成度和多模多频支持，高通所有LTE芯片组均同时支持LTETDD和LTEFDD，而在LTE/3G多模方面，以第三代调制解调器GobiMDM9X25为例，支持LTERel10、HSPA+Rel10、1x/DO、TD-SCDMA、GSM/EDGE;此外强调“高集成”和“单芯片”的骁龙800系列处理器也集成了Gobi9X25调制解调方案。而目前有超过150款采用高通第三代调制解调方案的智能终端正在研发中。此外，2013年年初推出的RF360前端解决方案还首次实现单个终端支持所有LTE制式和频段的设计，支持七种网络制式（FDD、TD-LTE、WCDMA、EV-DO、CDMA1X、TD-SCDMA和GSM/EDGE）。

2011年开始国外主流国家已经开始从3G到4G演进，当然也是部分推进，标准选择也是五花八门。

美国最大的移动运营商Verizon选择的是LTE，布局了上百个城市，后期开始向 LTE-Advanced 演进；第二大移动运营商 AT&T 采取 HSPA+ 和 LTE 技术并驾齐驱；第三名的 Sprint 则重压 WiMax，不过后来也开始布局 LTE 走双战略。欧洲和美国类似，选择 WiMax 以及 LTE 两种网络标准制式居多。

全世界走得最快的是韩国。从 2011 年开始，韩国三大电信运营商 SKT、KT 和 LGU+ 就开始部署 LTE4G 网络，经过两年的发展，如今韩国的 LTE 普及率已经达到了 51%，居全球第一。事实上韩国 4G 的高速发展对三星、LG 手机也有不小的促进作用。

日本 4G 的情况跟韩国差不多，也非常领先。其中，跟中国“关系很好”的软银是发达国家为数不多的采用了中国推出的 TD-LTE 标准的运营商。日本 4G 的发展虽然没有造成运营商格局变化，但却成就了异常繁荣的移动互联网市场，运营商从中收益良多。

从目前的发展态势看，4G 应该算相对成熟的一代产品了，短期淘汰的可能性很小，如微软的 X P 。关于 5G，目前国内外不少机构和运营商确实抢先公布了 5G 网络计划细节，主要方式是计划通过使用大量的天线元件来实现高频带宽的信号传输，相对 4G 来说，5G 网络将会比 4G 快 100 倍。此前，华为、三星、爱立信等企业均提出过 5G 网络初步设想，而实际能够开花结果的时间，多数预测为 2020 年，距离现在至少 6 年。

Telia 是全球少数几个建设 LTE 网络的公司（最大的是 Verizon）,Telia 与 Verizon 的 4G 基站、IP 网络和测试网络设备均来自瑞典电信设备厂商爱立信，预计 Verizon 的 LTE 网络在美国商用时间预计不会早于 2010 年，全面覆盖需要到 2015 年，而 Telia 明显走在了前面。

Telia 表示，新的 4G 网络可以带来比 3G 快 10 倍的速度，这意味着他们已经实现了 60 ~ 100Mbps 的速度，并且由于瑞典的国土面积相对较小，Telia 会很容易把 4G 信号覆盖 99% 以上的瑞典人口。但和瑞典运营商的比拼中，Verizon 拥有自己的优势，那就是 700MHz 部分的无线频谱，可以带来比 3.6GHz 频谱每个基站多 5 倍以上的覆盖面积。人们有理由相信，第四代无线通信网络技术会给人们未来的生活带来无限美好的期待！

五、软件无线电技术

软件无线电技术，顾名思义是用现代化软件来操纵、控制传统的“纯硬件电路”

的无线通信。软件无线电技术的重要价值在于：传统的硬件无线电通信设备只是作为无线通信的基本平台，而许多的通信功能则是由软件来实现，打破了有史以来设备的通信功能的实现仅仅依赖于硬件发展的格局。软件无线电技术的出现是通信领域继固定通信到移动通信、摸拟通信到数字通信之后的第三次革命。

软件无线电的基本思想就是将宽带模数变换器（A/D）及数模变换器（D/A）尽可能地靠近射频天线，建立一个具有“A/D-DSP-D/A”模型的通用的、开放的硬件平台。在这个硬件平台上尽量利用软件技术来实现电台的各种功能模块。例如使用宽带 ADC 通过可编程数字滤波器对信道进行分离；使用数字信号处理器（DSP）技术，通过软件编程来实现各种通信频段的选择，如 HF、VHF、UHF 和 SHF 等；通过软件编程来完成传送信息抽样、量化、编码 / 解码、运算处理和变换，以实现射频电台的收发功能；通过软件编程实现不同的信道调制方式的选择，如调幅、调频、单边带、数据、跳频和扩频等；通过软件编程实现不同的保密结构、网络协议和控制终端功能等。软件无线电技术是软件化、计算密集型的操作形式。

数字信号处理技术是软件无线电通信系统的基础。目前尽管低功耗、超强功能的数字信号处理器发展迅速，但数字信号处理器在速度、功耗上的现状仍然是制约软件无线电发展的关键之一。数字信号处理的另一研究内容就是软件，软件是软件无线电技术的核心。在目前数字信号处理器不能满足软件无线电设计要求的情况下，开发数字信号处理软件应是软件无线电技术的主攻方向。这其中包括各种 FFT 算法，调制解调、信源编码、信道编码等各种通信软件，也包括方式控制、信号控制和数据交换软件。

软件无线电技术广泛应用于无线电通信领域。软件无线电技术首先诞生于军事上的应用，由于其优良的特点，软件无线电技术很快渗透到民用的无线移动通信领域，特别是在即将走向商用前夕的第三代移动通信领域的应用。由于软件无线电技术可将模拟信号的数字化过程尽可能地接近天线，即将 AD 转换器尽量靠近 RF 射频前端，利用 DSP 的强大处理能力和软件的灵活性实现信道分离、调制解调、信道编码译码等工作，从而可为第二代移动通信系统向第三代移动通信系统的平滑过渡提供一个良好的无缝解决方案。软件无线电技术还有在卫星通信领域的应用，特别是正在冉冉升起的现代小卫星的应用。

在中国，软件无线电技术受到相当重视，在“九五”和“十五”预研项目和“863”计划中都将软件无线电技术列为重点研究项目。“九五”期间立项的“多频段多功能电台技术”突破了软件无线电的部分关键技术，开发出 4 信道多波形样机；我国提出的第三代移动通信系统方案 TD-SCDMA，就是利用软件无线电技术完成的设计。

软件无线电需要将现代先进的通信技术、微电子技术和计算机技术结合在一起，是一个中长期的研究项目，需要很强的综合实力。

软件无线电（SoftwareRadio）最初起源于军事通信。军用电台一般是根据某种特定用途设计的，功能单一。虽然有些电台基本结构相似，但其信号特点差异很大，如工作频段、调制方式、波形结构、通信协议、编码方式或加密方式不同。这些差异极大地限制了不同电台之间的互通性，给协同作战带来困难。同样，民用通信也存在互通性问题，如现有移动通信系统的制式、频率各不相同，不能互通和兼容，给人们从事跨国经商、旅游等活动带来极大不便。为解决无线通信的互通性问题，各国军方进行了积极探索。1992 年 5 月，在美国电信系统会议——IEEENationalTelesystemsConference 上，MITRE 公司的 JoeMitola 首次明确提出软件无线电的概念。

所谓软件无线电，就是说其通路的调制波形是由软件确定的，即软件无线电是一种用软件实现物理层连接的无线通信设计。软件无线电的核心是将宽带 A/D、D/A 尽可能靠近天线，用软件实现尽可能多的无线电功能；其中心思想是在一个标准化、模块化的通用硬件平台上，通过软件编程，实现一种具有多通路、多层次和多模式无线通信功能的开放式体系结构。应用软件无线电技术，一个移动终端可以在不同系统和平台间畅通无阻地使用。

软件无线电的主要优点是它的灵活性，可以通过增加软件模块，方便地增加新功能。在软件无线电中，诸如信道带宽、调制及编码等都可以进行动态调整，以适应网络标准和环境、网络通信负荷及用户需求的变化。软件无线电具有较强的开放性，由于采用标准化、模块化结构，其硬件可以随器件和技术的发展而更新或扩展，软件也可以随需要不断升级。

软件无线电推动了可编程硬件的发展，扩展了它的编程能力，提高了它的灵活性。现在的无线通信设备包括手机都使用了 DSP，但 DSP 软件大多固化在设备中，且 DSP 硬件是专用的。如果 DSP 硬件更加通用化，其软件可以通过有线或无线手段装入，那么一台设备就可以实现在不同的制式、频段和协议下工作了。当用户携带一台软件无线电装置到另一个国家，一入境就可以使用软件无线电装置从空中接收并下载该地区的通信标准，然后就可以利用该地区通信标准运行自己的软件无线电装置了，这将给人们带来很大的方便。

宽带 / 多频段天线与 RF 模块是软件无线电不可替代的硬件出入口。软件无线电要求天线能覆盖所有频段，能用程序控制方法对其功能及参数进行设置。可采用智能化天线技术。

智能天线也称自适应阵列天线，由天线阵、波束形成网络、波束形成算法三

部分组成。它通过满足某种准则算法调节各阵元信号的加权幅度和相位，进而调节天线阵列的方向图形状，来达到增强所需信号，抑制干扰信号的目的。智能天线也可以用空分复用（SDMA）的概念加以解释，即利用信号入射方向上的差别，将同频率、同时隙的信号区分开来，从而达到成倍扩展通信系统容量的目的。智能天线具有抑制噪声、自动跟踪信号、采用智能化时空处理算法形成数字波束等功能。目前，智能天线技术日趋完善，中国电信科学研究院信威公司已推出带智能天线的同步 CDMA 系统，美国麦得威通信公司的智能天线也开始投放市场。射频部分包括预放大和功率输出两部分。射频发射机和接收机，由通用平台和多个射频发射机模块组成，其工作频带应足够宽，并采用数字频率合成技术设置，对每种标准应能够多载波工作。发射机包括多只高功率放大器，要求具有高线性。

数字化是软件无线电的基础，模拟信号必须经过采样转化成数字信号才能用软件进行处理。软件无线电体系结构的一个重要特点是将 A/D 和 D/A 尽量靠近射频前段。A/D 和 D/A 器件在软件无线电中的位置非常关键，它直接反映了软件无线电系统的软件化可操作程度。为减少模拟环节及适应错综复杂的电磁环境，要求 A/D 器件具有适中的采样频率、较高的工作速度、较宽的工作带宽和较大的动态范围。在设计无线电系统时，选择模数器件依据的性能指标有：信噪比、转换灵敏度、无散杂动态范围、非线性误差、互调失真、全功率模拟输入带宽等。A/D 器件性能的局限及采样时引入的频谱混迭、量化误差等，会对软件无线电台的性能产生不良影响，但这种影响尚缺乏定量分析。

高速数字信号处理器，DSP 是软件无线电必需的基本器件，是其灵魂和核心所在。系统在射频或中频（IF）对接收信号进行数字化处理，通过软件编程灵活地实现宽带数字滤波、直接数字频率合成、数字上下变频、调制解调、差错编码、信令控制、信源编码及加解密功能。接收时，来自天线的信号经过 RF 处理和变换，由宽带 A/D 数字化，然后通过可编程 DSP 模块进行所需的各种信号处理，处理后的数据信号送至多功能用户终端。发送时，通过类似接收信号处理流程的逆过程将数据通过天线发射出去。可见，软件无线电的灵活性、开放性、兼容性等特点主要是通过以数字信号处理为中心的通用硬件平台及 DSP 软件实现的。

目前的 DSP 无论在功能上还是在性能上，都不能满足无线电的要求，很难用单片 DSP 直接处理宽带射频或中频信号，可以先采用数字变频技术对宽带射频或中频信号进行处理，然后再用 DSP 完成各种信号处理功能。数字变频的组成与模拟变频组成类似，包括数字混频器、数字控制振荡器和低通滤波器三部分，所不同的是数字变频采用正交混频。数字变频具有载频和数字滤波器系数可编程性、不存在非线性失真、频响特性好及造价低等优点。

由于软件无线电具有现有无线通信体制所不具备的许多优点，因此它有着广泛的应用前景。目前，软件无线电在国内外得到迅速发展。美国国防部已完成“Speakeasy 计划”二期工程，并在电子战领域应用；欧共体的 ACTSFIRST 项目和美国 RUTGERS 大学分别进行了软件无线电应用于第三代移动通信系统的研究；我国也将软件无线电技术纳入了国家“863”高科技发展计划，目前我国正在研究开发的第二代同步轨道航天测控设备方案的核心就是引入软件无线电技术。

随着无线网络的发展，各种无线通信体系结构和设计规范不断出现。未来的无缝多模式网络要求无线电终端和基站具有灵活的 RF 频段、信道接入模式、数据速率和应用功能。软件无线电可以通过灵活的应变能力，提高业务质量；同时可以简化硬件组成，快速适应新出现的标准和管理方式。

可以预见，随着现代计算机软、硬件技术与微电子技术迅猛的发展，软件无线电技术必将在 21 世纪得到更快、更完善的发展，并付诸应用。

六、蓝牙技术

蓝牙（Bluetooth）: 是一种无线技术标准，可实现固定设备、移动设备和楼宇个人域网之间的短距离数据交换（使用 2.4 ~ 2.485GHz 的 ISM 波段的 UHF 无线电波）。蓝牙技术最初由电信巨头爱立信公司于 1994 年创制，当时是作为 RS232 数据线的替代方案。蓝牙可连接多个设备，克服了数据同步的难题。

如今蓝牙由蓝牙技术联盟（BluetoothSpecialInterestGroup，简称 BSIG）管理。蓝牙技术联盟在全球拥有超过 25000 家成员公司，它们分布在电信、计算机、网络、和消费电子等多重领域。IEEE 将蓝牙技术列为 IEEE802.15.1，但如今已不再维持该标准。蓝牙技术联盟负责监督蓝牙规范的开发，管理认证项目，并维护商标权益。制造商的设备必须符合蓝牙技术联盟的标准才能以“蓝牙设备”的名义进入市场。蓝牙技术拥有一套专利网络，可发放给符合标准的设备。

“蓝牙”（Bluetooth）一词是斯堪的纳维亚语中 Blatand/Blatann（即古挪威语 bl á tonn）的一个英语化版本，该词是 10 世纪的一位国王 HaraldBluetooth 的绰号，他将纷争不断的丹麦部落统一为一个王国，传说中他还引入了基督教。以此为蓝牙命名的想法最初是 JimKardach 于 1997 年提出的，Kardach 开发了能够允许移动电话与计算机通信的系统。他的灵感来自当时他正在阅读的一本由 FransG.Bengtsson 撰

写的描写北欧海盗和HaraldBluetooth国王的历史小说《The Long Ships》，意指蓝牙也将把通信协议统一为全球标准。

蓝牙的波段为2400 ~ 2483.5MHz（包括防护频带）。这是全球范围内无须取得执照（但并非无管制的）的工业、科学和医疗用（ISM）波段的2.4GHz短距离无线电频段。

蓝牙使用跳频技术，将传输的数据分割成数据包，通过79个指定的蓝牙频道分别传输数据包。每个频道的频宽为1MHz。蓝牙4.0使用2MHz间距，可容纳40个频道。第一个频道始于2402MHz，每1MHz一个频道，至2480MHz。有了适配跳频（AdaptiveFrequency-Hopping，简称AFH）功能，通常每秒跳1600次。

最初，高斯频移键控（Gaussianfrequency-shiftkeying，简称GFSK）调制是唯一可用的调制方案。然而蓝牙2.0+EDR使π/4-DQPSK和8DPSK调制在兼容设备中的使用变为可能。运行GFSK的设备据说可以以基础速率（BasicRate，简称BR）运行，瞬时速率可达1Mbit/s。增强数据率（EnhancedDataRate，简称EDR）一词用于描述π/4-DPSK和8DPSK方案，分别可达2Mbit/s和3Mbit/s。在蓝牙无线电技术中，两种模式（BR和EDR）的结合统称为“BR/EDR射频”。

蓝牙是基于数据包，有主从架构的协议。一个主设备至多可和同一微微网中的七个从设备通信。所有设备共享主设备的时钟。分组交换基于主设备定义的、以312.5μs为间隔运行的基础时钟。两个时钟周期构成一个625μs的槽，两个时间隙就构成了一个1250μs的缝隙对。在单槽封包的简单情况下，主设备在双数槽发送信息、单数槽接受信息。而从设备则正好相反。封包容量可长达1个、3个、或5个时间隙，但无论是哪种情况，主设备都会从双数槽开始传输，从设备从单数槽开始传输。

蓝牙主设备最多可与一个微微网（一个采用蓝牙技术的临时计算机网络）中的七个设备通信，当然并不是所有设备都能够达到这一最大量。设备之间可通过协议转换角色，从设备也可转换为主设备（比如，一个头戴式耳机如果向手机发起连接请求，它作为连接的发起者，自然就是主设备，但是随后也许会作为从设备运行。）

蓝牙核心规格提供两个或以上的微微网连接以形成分布式网络，让特定的设备在这些微微网中自动、同时地分别扮演主和从的角色。

数据传输可随时在主设备和其他设备之间进行（应用极少的广播模式除外）。主设备可选择要访问的从设备；典型的情况是，它可以在设备之间以轮替的方式快速转换。因为是主设备来选择要访问的从设备，理论上从设备就要在接收槽内待命，主设备的负担要比从设备少一些。主设备可以与七个从设备相连接，但是从设备却很难与一个以上的主设备相连。规格对于散射网中的行为要求是模糊的。许多 USB 蓝牙适配器或“软件狗”是可用的，其中一些还包括一个 IrDA 适配器。

蓝牙是一个标准的无线通讯协议，基于设备低成本的收发器芯片，传输距离近、低功耗。由于设备使用无线电（广播）通信系统，他们并非是以实际可见的线相连，然而准光学无线路径则必须是可行的。射程范围取悦于功率和类别，但是有效射程范围在实际应用中会各有差异，请参考右侧的表格。

折叠有效射程因传输条件、材料覆盖、生产样本的变化、天线配置和电池状态有关。多数蓝牙应用是为室内环境而设计的，由于墙的衰减和信号反射造成的信号衰落会使射程远小于蓝牙产品规定的射程范围。多数蓝牙应用是由电池供电的 2 类设备，无论对方设备是 1 类或 2 类，射程差异均不明显，因为射程范围通常取决于低功率的设备。在某些情况下，当 2 类设备连接到一个敏感度和发射功率都高于典型的 2 类设备的 1 类收发器上时，数据链的有效射程可被延长。然而在多数情况下，1 类设备与 2 类设备的敏感度是相近的。

两个敏感度和发射功率都较高的 1 类设备相连接，射程可远高于一般水平的 100m，取决于应用所需要的吞吐量。有些设备在开放的环境中的射程能够高达 1km 甚至更高。

蓝牙核心规范规定了最小射程，但是技术上的射程是由应用决定且是无限的。制造商可根据实际的用例调整射程。

要使用蓝牙无线技术，设备必须能够解译某些蓝牙配置文件，蓝牙配置文件定义了可能的应用，并规定了蓝牙设备之间通信的一般行为。这些配置文件包括对通信参数和控制的最初设定。配置文件能够节约在双向链路起效之前重新发送参数的时间。广泛的蓝牙配置文件描述很多不同种类的应用或设备用例。

蓝牙和 Wi-Fi（使用 IEEE802.11 标准的产品的品牌名称）有些类似的应用：设置网络、打印或传输文件。Wi-Fi 主要是用于替代工作场所一般局域网接入中使用的高速线缆的。这类应用有时也称作无线局域网（WLAN）。蓝牙主要是用于便携式设备及其应用的。这类应用也被称作无线个人域网（WPAN）。蓝牙可以替代很多应用场景中的便携式设备的线缆，从而能够应用于一些固定场所，如智能家庭能源管理（如恒温器）等。

Wi-Fi 和蓝牙的应用在某种程度上是互补的。Wi-Fi 通常以接入点为中心，通过接入点与路由网络里形成非对称的客户机—服务器连接。而蓝牙通常是两个蓝牙设备间的对称连接。蓝牙适用于两个设备通过最简单的配置进行连接的简单应用，如耳机和遥控器的按钮，而 Wi-Fi 更适用于一些能够进行稍复杂的客户端设置和需

要高速的应用中，尤其像通过存取节点接入网络。但是，蓝牙接入点确实存在，而且 Wi-Fi 的点对点连接虽然不像蓝牙一般容易，但也是可能的。Wi-FiDirect 是最近开发的，为 Wi-Fi 添加了类似蓝牙的点对点功能。

蓝牙存在于很多产品中，如电话、平板电脑、媒体播放器、机器人系统、手持设备、笔记本电脑、游戏手柄以及一些高音质耳机、调制解调器、手表等。蓝牙技术在低带宽条件下临近的两个或多个设备间的信息传输十分有用。蓝牙常用于电话语音传输（如蓝牙耳机）或手持计算机设备的字节数据传输（文件传输）。

蓝牙协议能够简化设备间服务的发现和设置。蓝牙设备可以对他们所提供的服务作广告，这让服务的使用变得更容易，因为有比其他类型网络更多的安全，网络地址、许可配置可自动进行。

没有内置蓝牙的个人电脑可通过蓝牙适配器实现与蓝牙设备之间的通信。有些台式机和最近多数的笔记本电脑都有内置蓝牙无线电，没有的则需要通过外置适配器实现蓝牙通信功能，通常是一个小型 USB 软件狗。不像早期的 IrDA 需要一个单独的适配器来连接每个设备，蓝牙通过一个适配器即可实现计算机与多个设备之间的通信。

短链接广播技术（后来改名为蓝牙）最初是由爱立信移动的 CTONilsRydbeck 在瑞典隆德（Lund）所开发的，目的是根据 1989 年发表的两项发明（JohanUllman 博士 1989 年 6 月 2 日发布的 SE8902098-6 和 1992 年 7 月 24 日发布的 SE9202239）开发一个无线耳机。NilsRydbeck 把规格指定的工作交给了 TordWingren，把开发的工作交给了 JaapHaartsen 和 SvenMattisson。他们在瑞典隆德的爱立信工作。这一规格是基于跳频技术。

蓝牙规格由蓝牙技术联盟正式推出，蓝牙技术联盟是 1998 年 5 月 20 日正式宣布成立的。如今它的全球成员公司已超过 25000 家。它最初是由爱立信、IBM、英特尔、东芝和诺基亚创立的，后来又有许多公司加入。

所有的蓝牙标准版本都支持向下兼容，让最新的版本能够覆盖所有旧的版本。蓝牙核心规格工作组（BluetoothCoreSpecificationWorkingGroup，简称 BCSWG）主要制定 4 种规格。

蓝牙 1.0 版本和 1.0B 版本曾出现一些问题，制造商在产品互操作性上遇到了一些困难。蓝牙 1.0 版本和 1.0B 版本还包括连接过程（让协议层不可能匿名）中的强制性蓝牙硬件设备地址（BD_ADDR）传送，这给一些为蓝牙环境而设计的服务带来了不小的打击。

2.0+EDR。这一蓝牙核心版本发布于 2004 年。主要不同在于增强数据率（EDR）

的推出，它能够实现更快速的数据传输。EDR 的标称速率是 3Mbit/s，尽管实践中的数据传输速率为 2.1Mbit/s。EDR 使用 GFSK、相移键控（PSK）调制和 π/4-DQPSK、8DPSK 两个变量的组合。EDR 可通过减少工作周期提供更低的功耗。

这一规格命名为 Bluetoothv2.0+EDR，意谓 EDR 是选择性的功能。除了 EDR，2.0 规格还包括其他一些小的改进。产品无须支持更高速的数据率也可完成蓝牙 2.0 的合规性认证。至少有一个商业设备在其数据表上是写明了其是“不支持 EDR 的蓝牙 2.0”。

蓝牙核心规范 2.1+EDR 是蓝牙技术联盟于 2007 年 7 月 26 日推出的。2.1 最大的特点是安全简易配对（SSP）：它为蓝牙设备提高了配对体验，同时也提升了安全性的实际应用和强度。请参考后面的“配对”部分了解更多详情。2.1 还包括其他一些改进，包括“延长询问回复”（EIR），在查询过程中提供更多信息，让设备能在连接前更好地进行筛选；以及像低耗电监听模式（SniffSubrating），它能够在低功耗模式下降低耗电。

蓝牙核心规格 3.0+HS 版本是蓝牙技术联盟 2009 年 4 月 21 日推出的。蓝牙 3.0+HS 的传输速率理论上可高达 24Mbit/s，尽管这并非是通过蓝牙链接本身。相反，蓝牙链接是用于协商和建立，高速的数据传输是由相同位置的 802.11 链接完成的。

主要的新特性是 AMP（AlternativeMAC/PHY），它也是 802.11 新增的高速传输功能。高速并非该规格的强制特性，因此只有标注了“+HS"”商标的设备才是真正通过 802.11 高速数据传输支持蓝牙。没有标注“+HS”后缀的蓝牙 3.0 设备仅支持核心规格 3.0 版本或之前的核心规范附录 1。

加强版重传模式（EnhancedRetransmissionMode，简称 ERTM）采用的是可靠地 L2CAP 通道，而流模式（StreamingMode，简称 SM）采用的是没有重传和流量控制的不可靠的网络通道。

蓝牙配置文件数据可通过备用的 MAC 和 PHYs 传输。蓝牙射频仍用于设备发现、初始连接和配置文件配置。但是当有大量数据传输需求时，高速的备选 MAC、PHY802.11（通常与 Wi-Fi 有关）可传输数据。这意味着蓝牙在系统闲置时可使用已经验证的低功耗连接模型，在需要传输大量数据时使用更快的无线电。AMP 链接需要加强型 L2CAP 模式。

单向广播无连接数据无须建立明确的 L2CAP 通道即可传输服务数据。主要用于对用户操作和数据的重新连接 / 传输要求低延迟的应用。它仅适用于少量数据传输。

增强型电源控制更新了电源控制功能，移除了开环功率控制，还明确了 EDR 新增调制方式所引入的功率控制。增强型电源控制规定了期望的行为。这一特性还添

加了闭环功率控制，意味着 RSSI 过滤可于收到回复的同时展开。

蓝牙 3.0 版本的高速（AMP）特性最初是为了 UWB 应用，但是 WiMedia 联盟（WiMediaAlliance，负责用于蓝牙的 UWB 特点的组织）2009 年 3 月宣布解散，最终 UWB 也从核心规格 3.0 版本中剔除。

2009 年 3 月 16 日，WiMedia 联盟宣布他们已经进入 WiMedia 超宽频（UWB）版本技术转移协议的讨论中。WiMedia 已经向蓝牙技术联盟、无线 USB 促进联盟（WirelessUSBPromoterGroup）、应用者论坛（USBImplementersForum）转移了所有当前和未来版本，包括未来的高速和功率优化等相关工作。在技术转移、市场和相关行政条款成功完成之后，WiMedia 联盟停止了运营。

2009 年 10 月，蓝牙技术联盟暂停将 UWB 作为蓝牙 3.0+HSalternativeMAC/PHY 解决方案的一部分开发。因为前 WiMedia 中少数但地位重要的成员不愿签署 IP 转移的必要协定。蓝牙技术联盟如今正在评估其他选择，以利于其长期的发展。

蓝牙技术联盟于 2010 年 6 月 30 日正式推出蓝牙核心规格 4.0（称为 BluetoothSmart）。它包括经典蓝牙、高速蓝牙和蓝牙低功耗协议。高速蓝牙基于 Wi-Fi，经典蓝牙则包括旧有蓝牙协议。

蓝牙低功耗，也就是早前的 Wibree，是蓝牙 4.0 版本的一个子集，它有着全新的协议栈，可快速建立简单的链接。作为蓝牙 1.0 ~ 3.0 版本中蓝牙标准协议的替代方案，它主要面向对功耗需求极低、用纽扣电池供电的应用。芯片设计可有两种：双模、单模和增强的早期版本。早期的 Wibree 和蓝牙 ULP（超低功耗）的名称被废除，取而代之的是后来用于一时的 BLE。2011 年晚些时候，新的商标推出，即用于主设备的“BluetoothSmartReady”和用于传感器的“BluetoothSmart”。

单模芯片的成本降低，使设备的高度整合和兼容成为可能。它的特点之一是轻量级的链路层，可提供低功耗闲置模式操作、简易的设备发现和可靠地点对多数据传输，并拥有成本极低的高级节能和安全加密连接。

4.0 版本的一般性改进包括推进蓝牙低功耗模式所必需的改进以及通用属性配置文件（GATT）和 AES 加密的安全管理器（SM）服务。核心规格附录 2 于 2011 年 12 月正式推出，它包括对音频主机控制器接口和高速（802.11）协议适配层的改进。核心规格附录 3 修订（二）于 2012 年 7 月 24 日正式被采用。核心规格附录 4 于 2013 年 2 月 12 日正式被采用。

蓝牙技术联盟于 2013 年 12 月正式宣布采用蓝牙核心规格 4.1 版本。这一规格是对蓝牙 4.0 版本的一次软件更新，而非硬件更新。这一更新包括蓝牙核心规格附录（CSA1、2、3 和 4）并添加了新的功能，提高了消费者的可用性。这些特性包括提升了对 LTE 和批量数据交换率共存的支持，以及通过允许设备同时支持多重角色帮助开发者实现创新。

蓝牙 4.2 发布于 2014 年 12 月 2 日。它为 IOT 推出了一些关键性能，是一次硬件更新。但是一些旧有蓝牙硬件也能够获得蓝牙 4.2 的一些功能，如通过固件实现隐私保护更新。

蓝牙被定义为协议层架构，包括核心协议、电缆替代协议、电话传送控制协议、选用协议。所有蓝牙堆栈的强制性协议包括 :LMP、L2CAP 和 SDP。此外，与蓝牙通信的设备基本普遍都能使用 HCI 和 RFCOMM 这些协议。

链路管理协议（LMP）用于两个设备之间无线链路的建立和控制。应用于控制器上。逻辑链路控制与适配协议（L2CAP）常用来建立两个使用不同高级协议的设备之间的多路逻辑连接传输。提供无线数据包的分割和重新组装。在基本模式下，L2CAP 能最大提供 64kb 的有效数据包，并且有 672 字节作为默认 MTU（最大传输单元）, 以及最小 48 字节的指令传输单元。

在重复传输和流控制模式下，L2CAP 可以通过执行重复传输和 CRC 校验（循环冗余校验）来检验每个通道数据是否正确或者是否同步。蓝牙核心规格附录 1 在核心规格中添加了两个附加的 L2CAP 模式。这些模式有效地否决了原始的重传和流控模式。其中任何一种模式的可靠性都是可选择的，并 / 或由底层蓝牙 BDR/EDR 空中接口通过配置重传数量和刷新超时而额外保障的。顺序排序是由底层保障的。只有 ERTM 和 SM 中配置的 L2CAP 通道才有可能在 AMP 逻辑链路上运作。

服务发现协议（SDP）允许一个设备发现其他设备支持的服务，和与这些服务相关的参数。比如，当用手机去连接蓝牙耳机（其中包含耳机的配置信息、设备状态信息，以及高级音频分类信息（A2DP）等等），并且这些众多协议的切换需要被每个连接他们的设备设置。每个服务都会被全局独立性识别号（UUID）所识别。根据官方蓝牙配置文档给出了一个 UUID 的简短格式（16 位）。

射频通信（RFCOMM）常用于建立虚拟的串行数据流。RFCOMM 提供了基于蓝牙带宽层的二进制数据转换和模拟 EIA–232（即早前的 RS–232）串行控制信号，也就是说，它是串口仿真。RFCOMM 向用户提供了简单而且可靠的串行数据流。类似 TCP。它可作为 AT 指令的载体直接用于许多电话相关的协议，以及通过蓝牙作为 OBEX 的传输层。许多蓝牙应用都使用 RFCOMM 由于串行数据的广泛应用和大多数操作系统都提供了可用的 API。所以使用串行接口通讯的程序可以很快的移植到 RFCOMM 上面。

网络封装协议（BNEP）用于通过 L2CAP 传输另一协议栈的数据。主要目的是

传输个人区域网络配置文件中的IP封包。BNEP在无线局域网中的功能与SNAP类似。

音频 / 视频控制传输协议（AVCTP）被远程控制协议用来通过 L2CAP 传输 AV/C 指令。立体声耳机上的音乐控制按钮可通过这一协议控制音乐播放器。

音视频分发传输协议（AVDTP）被高级音频分发协议用来通过 L2CAP 向立体声耳机传输音乐文件。适用于蓝牙传输中的视频分发协议。

电话控制协议—二进制（TCSBIN）是面向字节协议，为蓝牙设备之间的语音和数据通话的建立定义了呼叫控制信令。此外，TCSBIN 还为蓝牙 TCS 设备的群组管理定义了移动管理规程。TCS-BIN 仅用于无绳电话协议，因此并未引起广泛关注。

采用的协议是由其他标准制定组织定义并包含在蓝牙协议栈中的，仅在必要时才允许蓝牙对协议进行编码。采用的协议包括：

根据不同的封包类型，每个封包可能受到纠错功能的保护，或许是 1/3 速率的前向纠错（FEC），或者是 2/3 速率。此外，出现 CRC 错误的封包将会被重发，直至被自动重传请求（ARQ）承认。

任何可发现模式下的蓝牙设备都可按需传输以下信息：任何设备都可以对其他设备发出连接请求，任何设备也都可能添加可回应请求的配置。但如果试图发出连接请求的设备知道对方设备的地址，它就总会回应直接连接请求，且如果有必要会发送上述列表中的信息。设备服务的使用也许会要求配对或设备持有者的接受，但连接本身可由任何设备发起，持续至设备走出连接范围。有些设备在与一台设备建立连接之后，就无法再与其他设备同时建立连接，直至最初的连接断开，才能再被查询到。

每个设备都有一个唯一的48位的地址。然而这些地址并不会显示在连接请求中。但是用户可自行为他的蓝牙设备命名（蓝牙设备名称），这一名称即可显示在其他设备的扫描结果和配对设备列表中。

多数手机都有蓝牙设备名称（Bluetoothname），通常默认为制造商名称和手机型号。多数手机和手提电脑都会只显示蓝牙设备名称，想要获得远程设备的更多信息则需要有特定的程序。当某一范围内有多个相同型号的手机（比如 SonyEricssonT610）时，也许会让人分辨哪个才是它的目标设备。

蓝牙所能提供的很多服务都可能显示个人数据或受控于相连的设备。出于安全上的考量，有必要识别特定的设备，以确保能够控制哪些设备能与蓝牙设备相连。同时，蓝牙设备也有必要让蓝牙设备能够无须用户干预即可建立连接（比如在进入连接范围的同时）。

未解决该矛盾，蓝牙可使用一种叫 bonding（连接）的过程。Bond 是通过配对（paring）过程生成的。配对过程通过或被自用户的特定请求引发而生成 bond（比如用户明确要求“添加蓝牙设备”)，或是当连接到一个出于安全考量要求需要提供设备 ID 的服务时自动引发。这两种情况分别称为 dedicatedbonding 和 generalbonding。

配对通常包括一定程度上的用户互动，已确认设备 ID。成功完成配对后，两个设备之间会形成 Bond，日后再相连时则无须为了确认设备 ID 而重复配对过程。用户也可以按需移除连接关系。

在配对过程中，两个设备可通过创建一种称为链路字的共享密钥建立关系。如果两个设备都存有相同的链路字，他们就可以实现 paring 或 bonding。一个只想与已经 bonding 的设备通信的设备可以使用密码验证对方设备的身份，以确保这是之前配对的设备。一旦链路字生成，两个设备间也许会加密一个认证的异步无连接（AsynchronousConnection–Less，简称 ACL）链路，以防止交换的数据被窃取。用户可删除任何一方设备上的链路字，即可移除两设备之间的 bond，也就是说一个设备可能存有一个已经不再与其配对的设备的链路字。

蓝牙服务通常要求加密或认证，因此要求在允许设备远程连接之前先配对。一些服务，如对象推送模式，选择不明确要求认证或加密，因此配对不会影响服务用户相关的用户体验。

在蓝牙 2.1 版本推出安全简易配对（SecureSimplePairing）之后，配对机制有了很大的改变。以下是关于配对机制的简要总结：

SSP 被认为简单的原因如下：蓝牙 2.1 之前版本是不要求加密的，可随时关闭。而且，密钥的有效时限也仅有约 23.5 小时。单一密钥的使用如超出此时限，则简单的 XOR 攻击有可能窃取密钥。蓝牙 2.1 版本从以下几个方面进行了说明：链路字可能储存于设备文件系统，而不是在蓝牙芯片本身。许多蓝牙芯片制造商将链路字储存于设备–然而，如果设备是可移动的，就意味着链路字也可能随设备移动。

这一协议在无须认证的 2.402 – 2.480GHz ISM 频段上运行。为避免与其他使用 2.45GHz 频段的协议发生干扰，蓝牙协议将该频段分割为间隔为 1MHz 的 79 个频段并以 1660 跳 / 秒的跳频速率变化通道。1.1 和 1.2 版本的速率可达 723.1kbit/s。2.0 版本有蓝牙增强数据率（EDR）功能，速率可达 2.1Mbit/s；这也导致了相应的功耗增加。在某些情况下，更高的数据速率能够抵消功耗的增加。

蓝牙拥有机密性、完整性和基于 SAFER+ 分组密码的定制算法的密钥导出。蓝牙密钥生成通常基于蓝牙 PIN，这是双方设备都必须输入的。如果一方设备（如耳机、或类似用户界面受限的设备）有固定 PIN，这一过程也可能被修改。在配对过程中，初始密钥或主密钥通过 E22 算法生成。 E0 流密码也用于加密数据包、授权机密性，它是基于公共加密的，也就是之前生成的链路字或主密钥。这些密钥可用于对通过

空中接口传输的数据进行后续加密，密钥有赖于双方或一方设备中输入的 PIN。

2008 年 9 月，美国国家标准与技术研究院（NationalInstituteofStandardsandTechnology，NIST）发布了蓝牙安全指南（GuidetoBluetoothSecurity），供相关机构参考。该指南描述了蓝牙的安全功能，以及如何有效地保护蓝牙技术。蓝牙技术有它的优势，但它易受拒绝服务攻击、窃听、中间人攻击、消息修改及资源滥用。用户和机构都必须评估自己所能接受的风险等级，并在蓝牙设备的生命周期中增添安全功能。为减轻损失，NIST 文件中还包括安全检查列表，其内包含对蓝牙微微网、耳机和智能读卡器的创建和安全维护的指南和建议。

2001 年，贝尔实验室的 Jakobsson 和 Wetzelfrom 发现并指出了蓝牙配对协议和加密方案的缺陷。2003 年，A.L.Digital 公司的 Ben 和 AdamLaurie 发现蓝牙安全实施上的一些重要缺陷有可能导致个人信息的泄露。随后 TrifiniteGroup 的 MartinHerfurt 在德国汉诺威电脑展（CEBIT）的游乐场中进行了现场试验，向世界展示了这一问题的重要性。一种称为 BlueBug 的新型攻击被用于此次实验。2004 年，第一个生成通过蓝牙在移动电话间传播的病毒出现于塞班系统。卡巴斯基实验室最早发现了该病毒，并要求用户在病毒传播之前确认未知软件的安装。病毒是由一群自称“29A”的病毒开发者作为验证概念编写并发送给防病毒机构的。因此，它应被看作是对蓝牙技术或塞班系统的潜在威胁，而非实际的威胁，原因是该病毒并未散播至塞班系统之外。2004 年 8 月，一个世界纪录级的实验（另请参见 Bluetoothsniping）证实，如果有定向天线和信号放大器，2 类蓝牙无线电的范围可扩增至 1.78km（1.11mi）。这就造成了潜在的安全威胁，因为攻击者将能够在相当程度的远距离之外接入有缺陷的蓝牙设备。攻击者想要与目标设备建立连接，还必须能够接受其发出的信息。如果攻击者不知道蓝牙地址和传输通道（尽管它们在设备使用状态下几分钟之内就能推导出来），就不可能对蓝牙设备进行攻击。

2005 年 1 月，一种称为 Lasco.A 的移动恶意程序蠕虫开始针对采用塞班系统（60 系列平台）的移动电话，通过蓝牙设备自我复制并传播至其他设备。一旦移动用户允许接收另一设备发送来的文件（velasco.sis），这一蠕虫即可开始自动安装。一旦安装成功，蠕虫便会开始寻找并感染其他的蓝牙设备。此外，蠕虫会感染设备上其他的 SIS 文件，通过可移动的媒体文件（保全数位、CF 卡等）复制到另一设备上。蠕虫可导致移动电话的不稳定。

2005 年 4 月，剑桥大学安全研究员发表了针对两个商业蓝牙设备间基于 PIN 配对的被动攻击的研究结果。他们证实了实际攻击之快，以及蓝牙对称密钥建立方法的脆弱。为纠正争议缺陷，他们通过实验证实，对于某些类型的设备（如移动电话），非对称密钥建立更可靠且可行。

2005 年 6 月，YanivShaked 和 AvishaiWool 发表文章，描述了蓝牙链路获得 PIN 的被动和主动方法。如果攻击者出现在最初配对时，被动攻击允许配有相应设备的攻击者窃听通信或冒名顶替。主动攻击方法是用专门建立的、必须插入到协议中特定的点的信息，让主从设备不断重复配对过程。然后再通过被动攻击即可攻获 PIN 码。这一攻击的主要弱点是它要求用户在设备受攻击时根据提示重新输入 PIN。主动攻击可能要求定制硬件，因为大多数商业蓝牙设备并不具备其所需的定时功能。

2005 年 8 月，英国剑桥郡警方发布警告，称有不法分子通过有蓝牙功能的电话跟踪放置于车中的其他设备。警方建议当用户把手提电脑或其他设备放置于车中时，须确保任何移动网络连接均处于禁用状态。

2006 年 4 月，SecureNetwork 和 F-Secure 的研究人员发布了一份报告，提醒人们注意可见状态下的设备之多，并公布了有关蓝牙服务的传播以及蓝牙蠕虫传播进程缓解的相关数据。

2007 年 10 月，在卢森堡黑客安全大会上，KevinFinistere 和 ThierryZoller 展示并发布了一款可通过 MacOSXv10.3.9 和 v10.4 上的蓝牙进行通信的远程跟外壳（rootshell）。它们还展示了首个 PIN 和 Linkkeys 破解器，这是基于 Wool 和 Shaked 的研究。

蓝牙使用的是 2.402GHz 到 2.480GHz 的微波无线电频谱。蓝牙无线电设备的最大功率输出，1 类是 100mW，2 类是 2.5mW，3 类是 1mW。即便是 1 类的最大功率输出功率也小于移动电话的最小功率。UMTS 和 W-CDMA 输出为 250mW，GSM1800/1900 为 1000mW，GSM850/900 为 2000mW。USB3.0 设备、端口和线缆证实会与蓝牙设备发生干扰，主要由于他们发出的电子噪声落在了与蓝牙相同的操作频段上。由于蓝牙设备与 USB3.0 设备距离很近，就会导致吞吐量的下降或导致蓝牙设备与电脑的连接完全断开。

解决这一问题的策略有很多，包括加大 USB3.0 设备与其他蓝牙设备之间的距离，或购买屏蔽性能更好的 USB 线缆等简单的解决方案。其他的解决方案还包括对计算机中的蓝牙原件进行附加屏蔽等。

七、无线保真技术

Wi-Fi 中文名为无线保真，是一种可以将个人电脑、手持设备（如 PAD、手机）等终端以无线方式互相连接的技术，事实上它是一个高频无线电信号。

无线保真是一个无线网络通信技术的品牌，由 Wi-Fi 联盟所持有。目的是改善基于 IEEE 802.11 标准的无线网络产品之间的互通性。现时一般人会把 Wi-Fi 及 IEEE 802.11 混为一谈，甚至把 Wi-Fi 等同于无线网际网络。

关于“Wi-Fi”这个缩写词的发音，根据英文标准韦伯斯特词典的读音注释，标准发音为 /wai.fai/ 因为 Wi-Fi 这个单词是两个单词组成的，所以书写形式最好为 WI-FI，这样也就不存在所谓专家所说的读音问题，同理有 HI-FI（/hai.fai/）。

无线网络在无线局域网的范畴是指“无线相容性认证”,实质上是一种商业认证，同时也是一种无线联网技术，以前通过网线连接电脑，而无线保真则是通过无线电波来联网；常见的就是一个无线路由器，那么在这个无线路由器的电波覆盖的有效范围都可以采用无线保真连接方式进行联网，如果无线路由器连接了一条 ADSL 线路或者别的上网线路，则又被称为热点。

无线网络是一种能够将个人电脑、手持设备（如 PDA、手机）等终端以无线方式互相连接的技术。Wi-Fi 是一个无线网络通信技术的品牌，由 Wi-Fi 联盟（Wi-FiAlliance)所持有。目的是改善基于 IEEE802.11 标准的无线网络产品之间的互通性。有人把使用 IEEE802.11 系列协议的局域网就称为无线保真。甚至把无线保真等同于无线网际网路（Wi-Fi 是 WLAN 的重要组成部分）

无线网络上网可以简单地理解为无线上网，几乎所有智能手机、平板电脑和笔记本电脑都支持无线保真上网，是当今使用最广的一种无线网络传输技术。实际上就是把有线网络信号转换成无线信号，就如在开头为大家介绍的一样，使用无线路由器供支持其技术相关的电脑、手机、平板等接收。手机如果有无线保真功能的话，在有 Wi-Fi 无线信号的时候就可以不通过移动联通的网络上网，省掉了流量费。

无线网络上网在大城市比较常用，虽然由无线保真技术传输的无线通信质量不是很好，数据安全性能比蓝牙差一些，传输质量也有待改进，但传输速度非常快，可以达到 54Mbps，符合个人和社会信息化的需求。无线保真最主要的优势在于不需要布线，可以不受布线条件的限制，因此非常适合移动办公用户的需要，并且由于发射信号功率低于 100mW，低于手机发射功率，所以无线保真上网相对也是最安全健康的。

但是无线保真信号也是由有线网提供的，如家里的 ADSL，小区宽带等，只要接一个无线路由器，就可以把有线信号转换成无线保真信号。国外很多发达国家城市里到处覆盖着由政府或大公司提供的无线保真信号供居民使用，我国也有许多地方实施“无线城市”工程使这项技术得到推广。在 4G 牌照没有发放的试点城市，许多地方使用 4G 转无线保真让市民试用。

由于无线网络的频段在世界范围内是无 A 须任何电信运营执照的，因此 WLAN 无线设备提供了一个世界范围内可以使用的，费用极其低廉且数据带宽极高的无线空中接口。用户可以在无线保真覆盖区域内快速浏览网页，随时随地接听拨打电话。而其他一些基于 WLAN 的宽带数据应用，如流媒体、网络游戏等功能更是值得用户期待。有了无线保真功能我们打长途电话（包括国际长途）、浏览网页、收发电子邮件、音乐下载、数码照片传递等，再无须担心速度慢和花费高的问题。无线保真技术与蓝牙技术一样，同属于在办公室和家庭中使用的短距离无线技术。

无线网络在掌上设备上应用越来越广泛，而智能手机就是其中一份子。与早前应用于手机上的蓝牙技术不同，无线保真具有更大的覆盖范围和更高的传输速率，因此无线保真手机成为了 2010 年移动通信业界的时尚潮流。

2010 年无线网络的覆盖范围在国内越来越广泛，高级宾馆、豪华住宅区、飞机场以及咖啡厅之类的区域都有无线保真接口。当我们去旅游、办公时，就可以在这些场所使用我们的掌上设备尽情网上冲浪了。厂商只要在机场、车站、咖啡店、图书馆等人员较密集的地方设置“热点”，并通过高速线路将因特网接入上述场所。这样，由于“热点”所发射出的电波可以达到距接入点半径数十米至 100 米的地方，用户只要将支持无线保真的笔记本电脑或 PDA 或手机或 psp 或 ipodtouch 等拿到该区域内，即可高速接入因特网。在家也可以买无线路由器设置局域网，然后就可以痛痛快快地无线上网了。无线网络和 3G 技术的区别就是 3G 在高速移动时传输质量较好，但静态的时候用无线保真上网就足够了。

无线网络的规模商业化应用，在世界范围内属罕见成功先例。问题集中在两个方面：一是大型运营商对这一模式的不认可；二是本身缺乏有效的商业模式。但基于无线网络技术的无线局域网已经日趋普及，这意味着将来无线网络的应用可以十分方便。一旦存在无线保真网络的公众场合，解决了运营商的互联互通、高收费、漫游性的问题，无线保真必将从一个成功的技术转化为成功的商业。

2014 年 11 月 28 日 14 时 20 分，中国首列开通 WiFi 服务的客运列车——广州至香港九龙 T809 次直通车从广州东站出发，标志着中国铁路开始 WiFi（无线网络）时代。列车 WiFi 开通后，不仅可观看车厢内部局域网的高清影院、玩社区游戏，还能直达外网，刷微博、发邮件，以 10 ~ 50 兆的带宽速度与世界联通。

无线网络是 IEEE 定义的无线网技术，在 1999 年 IEEE 官方定义 802.11 标准的时候，IEEE 选择并认定了 CSIRO 发明的无线网技术是世界上最好的无线网技术，因此 CSIRO 的无线网技术标准，就成为了 2010 年无线保真的核心技术标准。

无线网络技术由澳洲政府的研究机构 CSIRO 在 90 年代发明并于 1996 年在美国

成功申请了无线网技术专利。(USPatentNumber5487069)

发明人是悉尼大学工程系毕业生 DrJohnO'Sullivan 领导的一群由悉尼大学工程系毕业生组成的研究小组。IEEE 曾请求澳洲政府放弃其无线网络专利，让世界免费使用无线保真技术，但遭到拒绝。

澳洲政府随后在美国通过官司胜诉或庭外和解，收取了世界上几乎所有电器电信公司（包括苹果、英特尔、联想、戴尔、AT&T、索尼、东芝、微软、宏碁、华硕，等等）的专利使用费。2010 年我们每购买一台含有无线保真技术的电子设备的时候，我们所付的价钱就包含了交给澳洲政府的无线保真专利使用费。

2010 年全球每天估计会有 30 亿台电子设备使用无线网络技术，而到 2013 年年底 CSIRO 的无线网专利过期之后，这个数字预计会增加到 50 亿。

无线网络被澳洲媒体誉为澳洲有史以来最重要的科技发明，其发明人 JohnO'Sullivan 被澳洲媒体称为“Wi-Fi 之父”并获得了澳洲的国家最高科学奖和全世界的众多赞誉，其中包括欧盟机构，欧洲专利局，EuropeanPatentOffice（EPO）颁发的 EuropeanInventorAward2012，即 2012 年欧洲发明者大奖。

一般架设无线网络的基本配备就是无线网卡及一台 AP，如此便能以无线的模式，配合既有的有线架构来分享网络资源，架设费用和复杂程度远远低于传统的有线网络。如果只是几台电脑的对等网，也可不要 AP，只需要每台电脑配备无线网卡。AP 为 AccessPoint 简称，一般翻译为“无线访问接入点”，或“桥接器”。它主要在媒体存取控制层 MAC 中扮演无线工作站及有线局域网络的桥梁。有了 AP，就像一般有线网络的 Hub 一般，无线工作站可以快速且轻易地与网络相连。特别是对于宽带的使用，无线保真更显优势，有线宽带网络（ADSL、小区 LAN 等）到户后，连接到一个 AP，然后在电脑中安装一张无线网卡即可。普通的家庭有一个 AP 已经足够，甚至用户的邻里得到授权后，则无须增加端口，也能以共享的方式上网。

随着无线网络的不断兴起和发展，2010 年无线网络模块的应用领域相当广泛！但是无线保真模块毕竟是一高频性质的产品，它不像普通的消费类电子产品，生产设计的时候会有一些莫名其妙的现象和问题，让一些没有高频设计经验的工程师费尽心思，有相关经验的从业人员，往往也是需要借助昂贵的设备来协助分析。

对于无线网络部分的处理，有直接把无线保真部分 Layout 到 PCB 主板上去的设计，这种设计，需要勇气和技术，因为本身模块的价格不高，主板对应的产品价格不菲，当无线保真部分产生问题时，调试更换比较麻烦，直接报废又很可惜，所以很多设计都愿意采用模块化的无线保真部分，这样可以直接让 Wi-Fi 部分模块化，处理起来方便，而且模块可以直接拆卸，对于产品的设计风险和具体的耗损也有很大帮助。

在进行具体的硬件设计和相关无线保真模块咨询时，要考虑清楚以下方面：

通信接口方面：2010 年基本是采用 USB 接口形式，采用 PCIE 和 SDIO 的也有少部分，PCIE 的市场份额应该不大，多合一的价格昂贵，而且实用性不强，集成的很多功能都不会使用，其实也是一种浪费。

供电方面：多数是用 5V 直接供电，有的也会利用主板设计中的电源共享，直接采用 3.3V 供电。

天线的处理形式：可以有内置的 PCB 板载天线或者陶瓷天线；也可以通过 I-PEX 接头，连接天线延长线，然后让天线外置。

规格尺寸方面：这个可以根据具体的设计要求，最小的有 nano 型号（可以直接做 nano 无线网卡）；有的可以做到迷你型 12mm*12mm 左右（通常是外置天线方式采用）；通常是 25mm*12mm 左右的设计多点（基本是板载天线和陶瓷天线多，也有外置天线接头）。

跟主板连接的形式：可以直接 SMT, 也可以通过 2.54 的排针来做插件连接（这种组装 / 维修方便）。软件的调试要结合具体的方案主控，毕竟无线保真部分仅仅是一个无线的收发而已。很多用户在咨询的时候，很容易混淆！可以说，2013 年无线保真模块应用最火爆的领域就是 MID 市场，同时一些传统的网络领域应用市场也有渗透，如一些工业控制领域、网络播放领域，甚至一些遥控领域也有在考虑的，基本上是能用到网络的部分都希望尝试无线化！

一个无线保真联接点的网络成员和结构站点（Station），是网络最基本的组成部分。基本服务单元（BasicServiceSet,BSS）是网络最基本的服务单元，最简单的服务单元可以只由两个站点组成，站点可以动态地联结（Associate）到基本服务单元中。

分配系统（DistributionSystem,DS）。分配系统用于连接不同的基本服务单元。分配系统使用的媒介（Medium）逻辑上和基本服务单元使用的媒介是截然分开的，尽管它们物理上可能会是同一个媒介，如同一个无线频段。

接入点（AccessPoint,AP）。接入点既有普通站点的身份，又有接入到分配系统的功能。

扩展服务单元（ExtendedServiceSet,ESS）。由分配系统和基本服务单元组合而成。这种组合是逻辑上而非物理上的——不同的基本服务单元物有可能在地理位置上相去甚远。分配系统也可以使用各种各样的技术。

关口（Portal），也是一个逻辑成分。用于将无线局域网和有线局域网或其他网络联系起来。这儿有 3 种媒介，站点使用的无线的媒介，分配系统使用的媒介，以

及和无线局域网集成一起的其他局域网使用的媒介。物理上它们可能互相重叠。

IEEE802.11 只负责在站点使用的无线的媒介上的寻址（Addressing）。分配系统和其他局域网的寻址不属于无线局域网的范围。IEEE802.11 没有具体定义分配系统，只是定义了分配系统应该提供的服务（Service）。整个无线局域网定义了 9 种服务，5 种服务属于分配系统的任务，分别为：连接（Association），结束连接（Disassociation），分配（Distribution），集成（Integration），再连接（Reassociation）。4 种服务属于站点的任务，分别为：鉴权（Authentication），结束鉴权（Deauthentication），隐私（Privacy），MAC 数据传输（MSDUdelivery）。

无线保真与蓝牙技术一样，同属于短距离无线技术，是一种网络传输标准。在日常生活中，它早已得到普遍应用，并给人们带来极大的方便：白领们在星巴克中浏览网页，记者在会议现场发回稿件，普通人在自己家中随心所欲的选择用手机或者多台笔记本电脑无线上网，这些都离不开无线保真。

但一直以来，由于工信部明令禁止支持无线保真功能的手机在国内获得入网许可，洋品牌手机要想进入中国大陆市场必须摘除无线保真模块或屏蔽该功能，成为被很多人戏称的“阉割版”手机。

“如果进入中国市场的是‘阉割版’iPhone，那发布之日就是我去买水货之时。”很多一直以来对无线保真功能被禁不满的 iPhone 拥趸们都不约而同地表达了类似观点。

想了解无线保真在国内被禁的重要原因，就不得不提到另一个标准——WAPI 的存在。2003 年出台的 WAPI 标准（全名为无线局域网鉴别与保密基础结构），作为中国自主研发、拥有自主知识产权的无线局域网安全技术标准，与无线保真是两个不同协议，最大的区别是安全加密的技术不同。出于对互联网安全的考虑，中国一直强烈建议推荐 WAPI 作为一个独立的国际标准。国内手机的无线保真功能之所以被取消，也正因为 Wi-Fi 协议并非中国大陆官方所认可。

很多业内人士对 2010 年前的 WAPI 和无线保真之争还记忆犹新。2003 年年底，国家质检总局和国家标准化管理委员会发布公告，称自 2004 年 6 月 1 日起将开始强制实施 WAPI 标准。此举随即遭到了英特尔等美国公司乃至美国政府的抵制，并威胁将停止在中国开展无线业务，声称与 WAPI 标准相比，西方公司更愿意采用它们自己的标准。2004 年 4 月 22 日，中、美两国经过谈判，当时的中国国务院副总理吴仪表示，中国同意美方提出的要求，将不强制实施 WAPI 标准。7 月，中国向国际标准组织正式提交了 WAPI 提案，但之后中国的 WAPI 标准遇到了前所未有的阻击，WAPI 标准成为国际标准一事被迫搁浅。

谁曾想，这一等就是 5 年，直至 2009 年 6 月，事情才又有了重大转机。中国 WAPI 产业联盟公开确认，在 2010 年的国际标准组织 ISO/IECJTC1/SC6 会议上，WAPI 首次获美、英、法等 10 余个国家成员的一致同意，将以独立文本形式推进为国际标准。有专家将此事件视为“美方第一次开始履行‘推进 WAPI 成为国际标准’承诺的标志性事件”。

按照 2010 年工信部的最新政策，凡是加装 WAPI 功能的手机可入网检测并获进网许可证，原则是这类手机在有 WAPI 网络时可以使用 WAPI 接入，而搜索不到 WAPI 时，则可通过无线保真进行无线网络接入，但纯无线保真手机仍不能上市。

如果你是 T-MobileWi-Fi 用户，但你现在处于另一个运营商提供的热点范围内，那你是不能使用 Wi-Fi 的。在未来，你的 Wi-Fi 设备能够查询到“外网（其他运营商的无线网络）”服务，并可以安全地接入，你的用户身份将和你一起漫游，使你能够使用各种不同的 Wi-Fi 服务。

802.11u 标准出台后用户将会更灵活地使用无线网络，未来的 Wi-Fi 会对外广告它们的服务，只要你服从它的条款就可以链接到它们，根据你的身份，你可以访问其他网络中所有或部分服务的子集，在紧急情况下，你可以获得最基本的连接和功能，802.11u 标准计划在 2010 年 6 月最后审批。

无线保真设备厂家已经想了许多办法使它们的设备与无线访问点更智能地结合工作，无线访问点自身的管理已经相当成熟，但无线客户端的管理还是空白。

如果你在访问点和客户端同时采用新的无线保真管理协议，它们之间的协作会更有趣。想象一下你的上网本无线保真适配器，或 Wi-FiVoIP 电话在未发送和接收无线信号，或仅共享位置数据时，可以节省电力，访问点可以将 Wi-Fi 语音会议重定向到一个更理想的相邻访问点上，或者重定向到一个负载较低的访问点上。Wi-Fi 网络可以定位一个客户端的位置，如在建筑物外，或在大街上，可以基于这些数据授予客户端连接操作。

802.11v 标准可能会在 2010 年 7 月底完成，在 Wi-Fi 管理方面将会有许多增强特性，它将为统计收集增加一个计数器阵列，增加电源管理，提高电池寿命，并改善位置数据支持。

Wi-Fi 联盟的 Wi-Fi 多媒体接纳控制规范也正在处理客户端协调问题，该规范正在开发中，它可以让无线网络协商和管理流媒体会话，因此高清晰视频不会切断相同访问点上的 Wi-Fi 语音会话，Wi-Fi 联盟正在考虑具体的 Wi-Fi 未来管理规范，主要是借用几个相关的 IEEE 标准，然后再增加额外的无线管理功能。

在以前的标准中缺乏 RF 管理，因为访问点和客户端之间，以及与相邻无线设

备之间通常彼此不了解，它们只了解自己的无线电波频率，这种局限性使得想管理 RF 也很困难。

例如,当一个 Wi-Fi 手机进入某个访问点范围时,它会触发一个盲目的寻找过程,如果客户端可以询问它的访问点“你的邻居是谁，哪一个是最佳连接访问点？”，这样设备和网络就可以更好地协作，与此同时，Wi-Fi 访问点可以“看”到客户端的 RF 环境，确定弱信号或不足的覆盖面，然后采取措施优化连接。

2011 年发布的 IEEE802.11k 无线资源管理标准解决了这个问题,通过智能 RF(射频) 管理改善移动性，但 Wi-Fi 设备厂家已经实施了一系列的专有功能以应对这一挑战，Aruba 自适应无线管理技术的 2.0 版本就是一个例子。同时，Wi-Fi 联盟使用 11k 的某些特性构思它的语音企业认证，目标是优化大规模的，企业级 Wi-Fi 语音环境通话质量。

无线保真是一个端到端的连接，未来的无线保真网络，你的设备无论在哪里都可以直接连接到其他客户端设备，如搭载低功耗芯片的 Ozmo 设备让外围设备可以通过 Wi-Fi 直接连接到你的笔记本电脑。

Wi-Fi 联盟最新公布的 Wi-FiDirect（WFD）项目，将让你笔记本电脑上的无线保真卡绕过访问点，直接连接到无线打印机、数码相机、投影仪、传感器或等离子屏幕。作为一个行业规范，WFD 将在固件中引入新的协议实现，这样就不需要对硬件做作改动了。

同时，无线保真访问点通过 802.11z 标准（定于 2010 年 7 月完成）也可以变成点到点连接引擎，它将为直接连接配置提供扩展，客户端设备从一个访问点请求许可直接连接到另一个附近的客户端设备，但数据不通过访问点，客户端仍然与访问点连接，由访问点提供全套安全和管理服务。

大多数情况下通过设置固定协议加速无线保真速度。第一步，先把手机里连接过的无线保真去掉，也就是选择不保存（版本不同显示的也不同）。第二步，在浏览器中输入 192.168.1.1 或者 192.168.0.1(本地)进入路由器的控制面板,选择设置向导。第三步，把模式修改成 11gOnly，一般默认的是 11bgnMixed。第四步，重启路由器，然后手机重新连接无线保真。

在没有无线保真设备的情况下，iPhone、Pad 无法使用无线保真是一件非常郁闷的事，但是可以利用 Win7 系统自带的 dos 命令把笔记本变身为一台无线 AP 发射器，以提供给 iPhone 和 Pad 等设备上网。打开 Win7 开始菜单，找到命令提示符选项，以管理员身份运行。在命令行上输入 netshwlansethostednetworkmode=allowssid=scc_wankey=1*197k51*, 该字符串命令是将 win7 系统自带的虚拟无线网卡功能启动起来，其中“scc_wan”是 SSID,“1*197k51*”是无线访问密码，mode 参数是用于指定是否启动系统自带虚拟无线网卡，如果该参数设置成 allow 表示允许启动该虚拟无线网卡，disallow 表示禁用。返回到控制面板，双击”网络和共享中心“图标，单击更改适配器设置按钮，会发现多出一个“MicrosoftVirtualWi-FiAdapter”图标，表示虚拟无线 AP 设备已经启动成功。共享 Internet 网络，在网络邻居属性里面右击本地能够上网的适配器属性，在弹出目标网络连接的属性对话框，点选“共享”选项卡，选中对应的设置页面中的“允许其他用户通过此计算机的 internet 连接来连接”等选项，同时在列表中选择之前配置好的无线网络，再按确定按钮。重新回来命令提示符下输入 netshwlanstarthostednetwork，启动虚拟无线服务即可。iPhone 和 Pad 等设备就可以通过此虚拟无线网络来上网了。

无线风行，Wi-Fi 也成了“巨星”。Wi-Fi 可谓是“金盔铁甲”，从八个方面全面包装自己。下文分别从带宽、信号、功耗、安全、融网、个人服务、移动特性、客户端全方位为您剖析 Wi-Fi 的独到之处。

虽然 IEEE 启动了两个项目打算将 802.11 标准数据速率提高到千兆或几千兆，但至今也还没有形成初稿。

更实际一点的是 802.11n 标准将数据速率提高了一个等级，可以适应不同的功能和设备，所有 11n 无线收发装置支持两个空间数据流，发送和接收数据可以使用两个或三个天线组合，苹果最新的 Wi-FiiPodTouch 就含有一颗博通（Broadcom）的无线芯片，支持 11n 标准。

很快将会有芯片支持三四个数据流，数据速率可以分别达到 450Mbps 和 600Mbps。2009 年初，Quantenna 通信表示它已经研制成功 4mmx4mm 芯片，可以承载高清数字电视信号流。

无线保真设备供应商 Ruckus 无线的共同创始人及 CTOWilliamKish 说：“虽然不会有很多客户端设备支持 4 个空间流，只要正确设计访问点，将可以利用 600Mbps 物理层数据速率，实现高速无线骨干网。”

你可以通过 802.11s 标准将这些高端节点连接起来，形成类似互联网的具有冗余能力的 Wi-Fi 网络。11n 中更多可选择的性能特性将会出现在无线芯片中，无线客户端和无线访问点利用这些芯片可以使射频（RF）信号更具弹性，稳定和可靠，换句话说更像一个电线。

无线芯片制造商 Atheros 公司的 CTOWilliamMcFarland 说：“新的 11n 物理层技术将使 Wi-Fi 功能更强大，在给定范围内数据传输速率更高，传输距离更长”。

这些性能特性包括：低密度奇偶校验码，提高纠错能力；发射波束形成，它使

用来自 Wi-Fi 客户端的反馈，让一个访问点集中处理客户端的射频信号；空间是分组编码（STBC），它利用多重天线提高信号可靠性。802.11n 在功耗和管理方面进行了重大创新，不仅能够延长 Wi-Fi 智能手机的电池寿命，还可以嵌入其他设备中，如医疗监控设备、楼宇控制系统，实时定位跟踪标签和消费电子产品，可以不断地监测和收集数据，可基于用户的身份和位置进行个性化。

网络世界（NetworkWorld）博主 CraigMathias 写道“其他现代射频技术不能做到的,现在 Wi-Fi 都能做到了”。Atheros 的 McFarland 说:“随着企业无线局域网的建设，这些基础设施已经到位，现在只需要添加低功耗传感器就可以了”。

嵌入式 Wi-Fi 无线数据通信厂商首脑会议宣布的 802.11a 无线通信以各种插件形式提供，让设备使用不拥挤的 5GHz 波段，Gainspan 提供的 11b/g 无线设备带有一个 IP 软件堆栈，电力消耗非常低，一块标准电池可以运行几年，RedpineSignals 提供了一个单流嵌入 11n 无线通信中。

互联网最具破坏性的影响是通过盗窃身份证明、拒绝服务攻击、侵犯隐私、刺探以及缺乏相应的信任手段对用户造成的伤害，移动网络使这一情况变得更糟，如果用户信任当前打开的 Wi-Fi 连接，有可能使他们遭受毁灭性的风险。

IEEE 已经批准了 802.11w 标准，它保护无线管理帧，使无线链路更好地工作，Networks 公司首席分析师 MatthewGast 说：“Wi-Fi 客户端现在可以接收和采用‘落地网络’信息,在此之前这个信息可能是由攻破访问点的黑客利用 MAC 地址伪造的，11w 标准切断了这种攻击”。

ArubaNetwork 公司战略营销主管 MichaelTennefoss 说：“Wi-Fi 将会使用基于身份的安全，在 Wi-Fi 网络中，安全策略与用户关联，而不是与端口关联的，这样的好处是用户可以在家、办公场所、酒店、分支机构和公共场所移动，安全性不会受到影响”。

据英国《每日邮报》6 月 19 日报道，英国纽卡斯尔大学博士生路易斯·赫南（LuisHernan）日前绘制出一系列展现人类周围无线网络 Wi-Fi 连接情况的图，这些盘旋围绕的明亮光束犹如幽灵。赫南首先利用定制的仪器为 Wi-Fi 信号拍照，以展现它们。这套仪器可持续扫描 Wi-Fi 网络，然后将信号强度变成彩色发光二极管。赫南最终获得缠绕卷曲的彩色光线条纹。

WPA/WPA2：WPA/WPA2 是基于 IEEE802.11a、802.11b、802.11g 的单模、双模或双频的产品所建立的测试程序。内容包含通信协定的验证、无线网络安全性机制的验证，以及网络传输表现与相容性测试。

WMM（Wi-FiMultiMedia）：当影音多媒体透过无线网络的传递时，要如何验证其带宽保证的机制是否正常运作在不同的无线网络装置及不同的安全性设定上是WMM测试的目的。

WMMPowerSave：在影音多媒体透过无线网络的传递时，如何透过管理无线网络装置的待命时间来延长电池寿命，并且不影响其功能性，可以透过WMMPowerSave的测试来验证。

WPS（Wi-FiProtectedSetup）：这是一个2007年年初才发布的认证，目的是让消费者可以透过更简单的方式来设定无线网络装置，并且保证有一定的安全性。当前WPS允许透过PinInputConfig（PIN）、PushButtonConfig（PBC）、USBFlashDriveConfig（UFD）以及NearFieldCommunication、ContactlessTokenConfig（NFC）的方式来设定无线网络装置。

ASD（ApplicationSpecificDevice）：这是针对除了无线网络存取点（AccessPoint）及站台（Station）之外其他有特殊应用的无线网络装置，如DVD播放器、投影机、打印机等。

CWG（ConvergedWirelessGroup）：主要是针对Wi-Fimobileconvergeddevices的RF部分测量的测试程序。

自2003年以来中国移动通信技术和市场的热点一直集中在3G的出台时机以及3G该采用什么样的标准的讨论中。

虽然对3G的关注程度在国内、国外设备厂商的推动、宣传和政府的大力支持下达到了前所未有的高度，但是我们更应该清醒地认识到中国3G发展的现状：受其技术成熟度以及缺少杀手业务、建设成本、运营牌照费用和欧洲市场发展不良等多种因素的制约，中国移动通信市场迟迟不能启动，运营商、设备制造商、芯片厂商、研究院所、内容服务商所共同期望的局面，3G兴起还未能实现。

从未来的中国3G市场来看，语音业务对于移动运营商提高收入帮助不大，而且由于移动运营商数目的增加，语音业务带来的ARPU必然会呈现下降的趋势。因此，提供更多的数据多媒体业务，对于移动运营商维持用户忠诚度、提高网络利用率、增加业务附加值、获取最大利润等将会带来较大的帮助，这也是在部署3G前运营商所必须要考虑的问题。相比之下在芯片厂商、PC制造商、Wi-Fi联盟成员、运营商的共同推动下，WLAN在部署上取得了实质性的进展。中国电信、网通、移动、联通都在实施自己的热点覆盖计划。前一段时期，甚至还有用WLAN代替3G的论调。但是从覆盖范围、传输速率、基本业务类别、可移动速率、前向扩展、演进走向等多方面综合分析，3G与WLAN不是一种可以互相取代的竞争关系，而是一种可以扬长避短的互补关系。当前，WLAN的推广和认证工作主要由产业标准组织Wi-Fi

联盟完成，所以 WLAN 技术常常被称之为 Wi-Fi。

对于 GPRS、CDMA1X、1XRTT、EV-DO、EV-DV 等技术而言，上下链路数据业务的对称性是无线保真的一个明显优势。对于 3G 室内的 2Mbit 数据速率，无线保真也具有绝对的优势，它当前采用的是 802.11b 标准，理论数据速率可达 11Mbit，实际的物理层数据速率支持 lMbit、2Mbit、5.5Mbit、11Mbit 可调，覆盖范围为 100 ~ 300m。随着 802.11g/a、802.16e、802.11i、WiMAX 等技术、协议标准的制定和完善，加上无线保真联盟对市场快速的反应能力，Wi-Fi 正在进入一个快速发展的阶段。其中，作为 802.11b 发展的后继标准 802.16（WiMAXWorldwideInteroperabilityforMicrowaveAccess 全球微波接入互操作性），已经在 2003 年 1 月正式获得批准，虽然它采用了与 802.11b 不同的频段（10 ~ 66GHz），但是作为一项无线城域网（WMAN）技术，它可以和 802.11b/g/a 无线接入热点互为补充，构筑一个完全覆盖城域的宽带无线技术。Wi-Fi/WiMAX 作为 Cable 和 DSL 的无线扩展技术，它的移动性与灵活性为移动用户提供了真正的无线宽带接入服务，实现了对传统宽带接入技术的带宽特性和 QoS 服务质量的延伸。

纵观 2013 年全球市场趋势，固网运营商和有线电视运营商的 Wi-Fi 部署需求保持了稳定增长，移动运营商的 Wi-Fi 部署需求则实现了爆发式的增长，这使得 2013 年运营商级 Wi-Fi 市场整体保持了强劲的增长势头。移动运营商已经有能力把 20% ~ 30% 的移动宽带流量承载于 Wi-Fi 网络上。

全球运营商级 Wi-Fi 设备收入 2013 年全年达到 7.13 亿美元，相比 2012 年增幅高达 47%。预计全球运营商级 Wi-Fi 设备收入在 2014 年全年有望达到 12 亿美元，相比 2013 年同比增长 64%，2018 年将达到 31 亿美元，近 5 年的复合年增长率将高达 34.2%。

在 Wi-Fi 应用标准方面，802.11n 设备仍然是 2013 年 Wi-Fi 市场绝对的主流，少数运营商开始关注 802.11ac 设备的采购。随着 802.11ac 第二波技术的不断成熟以及 802.11ac 终端的普及，预计 2015 年开始 802.11ac 的设备将逐渐成为主流。

对于无线保真技术而言，漫游、切换、安全、干扰等方面都是运营商组网时需考虑的重点。随着骨干传输网容量和传输速率的提高，无论采用平面或者两层的架构都不会影响到用户的宽带快速接入；随着 IAPP 以及 MobileIP 技术的完善、IPv6 的发展也可以最终解决漫游和切换的问题；802.11i 标准的产生将提供更多的包括 WPA2、多媒体认证等安全策略；不断成熟的组网方案和干扰预检测机制都可以减少频率资源开发带来的干扰。

事实上，不同的标准化组织的工作与各类标准的制定，正是 NGN 发展进程中各方加强合作与标准融合工作的体现。Wi-Fi/WiMAX 的市场目标是成为宽带无线接入城域网技术，基本目标是要提供一种城域网领域点对多点的多厂商环境下可有效地互操作的宽带无线接入手段，以实现满足 3G 标准的以无线广域网 WWAN 为基本模式、以公众语音及多媒体数据为内容在全球范围内漫游的个人手机终端的基本市场定位。Wi-Fi/WiMAX 也可以作为 3G 无线广域 / 城域、多点基站互联支持手段的补充。

按 NGN 概念演进的下一代移动网，以终端、应用、服务为主导将成为市场发展的重要驱动力，也是运营商赢利的关键。其互操作性和后向兼容性将成为不同标准化组织工作考虑的一个重点。如果进行无生命力的重复，其产品和技术终将为市场所淘汰，其唯一出路是在 NGN 及 3G 演进的基本概念上彼此融合，共同作出贡献。而且随着 Wi-Fi/WiMAX 接入技术成本的逐步下降，电信运营商选择 Wi-Fi/WiMAX 技术为消费者提供 VoWLAN 语音服务将成为可能。

综上所述，Wi-Fi/WiMAX 的发展方向包括：网络技术，覆盖更大的范围，从热点到热区到整个城市；Wi-Fi 手持终端和 VoWLAN 业务必然成为潜在的应用模式；基于 IP 的 Wi-Fi/WiMAX 的交换技术和开放的业务平台，将使 WLAN 网络更智能、更易管理；基于多层次的安全策略（WEP、WPA、WPA2、AES、VPN 等）提供不同等级的安全方案，将使企业、个人用户可以根据不同的性价比来选择满足自己需要的安全策略。

不管是商用的还是正在试验的（CDMA2000/WCDMAR99/R4/TD-SCDMA）3G 标准都不是基于全 IP 的网络，如 CDMA2000 是基于 ANSI-41；WCDMA99/TD-SCDMA 是基于传统的 GSM-MAP、R4 软交换的承载和控制分离方式，而直到 R5 引入了 IMS 才实现全 IP 的核心网。显然全 IP 的核心网络也是 3G 发展的方向，采用基于全 IP 的核心网不但可以与无线接入方式独立地发展，还可以支持包括 Wi-Fi/WiMAX、WCDMA、Bluetooth 等多种无线接入方式。在 3G 的 R6 中已经开始把 WLAN 和 3G 一同考虑了。

Wi-Fi/WiMAX 和 3G 不同的承载特性（吞吐量、延时、QoS、对称性等）为用户享受语音、数据、多媒体业务提供更多的接入方式选择；它们可通过共用开放的业务平台融合不同的业务引擎实现网络间的互通；根据网络服务区内的性能，用户可以手工或者自动选择接入那个网络；同时支持 WLAN 和 3G 网络的运营支撑系统，可以对双网实现统一的运营管理、计费甚至用户身份认证，最大限度地降低网络建设、维护成本。

两种网络技术在移动通信技术发展中将实现局部的融合，各自发挥优势、扬长避短，互补趋势集中体现在以下几个方面：

相对于满足大话务量、多用户数的3G技术，基于IP技术的WLAN网络更适合开展广播式的语音业务（PTT）、多方会议、长途通话、广告发布等。广域覆盖和区域覆盖下的数据业务，相对于3G技术覆盖范围大、快速移动时仍能保持144kbit的数据速率的特点，WLAN技术在特定区域内满足用户高速数据传输的需求具有绝对优势。

3G分配的频率资源是有限的，而数据业务对信道的占用率极高，影响其同时接入的语音用户数量。如果规划特定区域（比如商业中心人群密集区）内把数据业务转移到Wi-Fi/WiMAX的公共数据通道无疑将大大提高3G无线网络资源利用率。

传输数据速率高、AlwaysOnLine和低使用费的Laptop/PDA可以满足商业用户大信息量的需求：携带更为方便、小巧的3G手持终端可以满足个人用户对快速消息的需求。手机和电脑连接再也不用有线了，无线全能搞定。

当前不少智能手机与多数平板电脑都支持无线保真上网，无线保真是当前大部分人所希望能随时搜索到的。它不仅是无线宽带接入服务的补充，同时还是运营商创新运营的重要一环。从全球无线保真业务发展上看，只依靠提供单一的无线宽带接入实现赢利的方式，基本上都无法支撑Wi-Fi业务的发展。面对这种情况，迫切需要一种新的赢利模式来为无线保真的发展提供强有力的支撑，保证投入的同时能有所回报。Wi-Fi广告模式，显然是当前比较成熟和可经营的模式，并且Wi-Fi广告模式的探索正呈现出以下几个新方向。

以Wi-Fi登录Portal页面的区域电子地图为基础进行的广告模式，即基于热点的不同位置，Wi-Fi用户会看到当前所在热点及其周围区域的电子地图，运营商可利用区域地图对热点周围商家继续进行广告宣传和标注。Wi-Fi门户的地图上注有鼠标停留短语，用户在区域地图上移动鼠标会显示不同商家的最新信息和链接，当点击任一广告，便进入这一商户的网页界面，商家可在后台更新自己的商家信息，运营商负责页面的维护和统一管理。这一模式对于用户来说，不仅可以找到离自己最近的商家、餐馆、自动取款机、加油站、电影院、医院等周边生活信息，以及使用地图导航、查询移动黄页等业务，而且还能找到诸如“最近的电影院即将上演的影片”或“该餐馆的消费水平、饭菜口味如何”等更深层的信息。

在Wi-Fi账号登录页面及登录后弹出页面上放置商家的个性化广告或市场调研选项，也可以为每个热点的商家独立设置其个性化Portal页面，收取广告定制及发布费。这种模式的主要特点是，运营商拥有页面的控制权，商家可以利用其特定页面发布广告信息。

对运营商的好处：利用账号登录页面及登录后弹出页面这一特有资源，可以为

Portal 定制“VLAN+ 端口 +IP 地址”的个性化认证页面，同时可以在 Portal 页面上开展广告业务，内置服务选择和信息发布等内容，进行业务拓展，实现 Wi-Fi 网络的运营。

利用 Wi-Fi 热点地理位置可定位的特点来开展广告服务，广告主通过选择特定的地域和热点来推送广告，使广告主的广告能吸引最有可能购买其产品的潜在客户。同时，广告主还可以针对不同地理区域制定相应的特价促销或优惠活动方案，使广告的投放更加精准，更有针对性，能将定制化的信息推送到 Wi-Fi 用户，进行有效的广告宣传。例如，旅游服务类的广告主可针对机场 Wi-Fi 热点目标客户群，推送它们的广告，咖啡行业的广告主可以在咖啡吧等特定的 Wi-Fi 热点通过推送选项式广告去了解和发现目标客户群的习惯。

物联网等信息化技术是建设智慧城市的手段和工具，是承载智慧城市建设的基础设施。在互联网技术日益发达的今天，云计算、物联网、车联网等新技术层出不穷，这些新技术也反哺互联网，让互联网技术本身获得史无前例的快速发展。

而车联网的出现或许能够改变在互联网冲击下的通信产业的当前现状，如果传统运营商抓住时代所赋予的先机，对于通信业，焕发第二春不是不无可能，夺回行业话语权也将指日可待。

车辆是城市的重要组成部分，中国的机动车总保有量已经达到 2.33 亿辆，仅次于美国，基于这个庞大的汽车保有量，“车联网”应运而生。如此可观的数字后面，带来的是多种问题，如交通堵塞、环境污染等，车联网作为中国打造智慧城市的重要动力；而客户增多和需求上升，为车联网的发展提供商业市场。

据美国科技媒体报道，这个史无前例的项目由密歇根大学交通研究中心（UMTRI）管理，在未来 12 个月内，约 3000 辆车将列入计划。司机都是特别招聘的，因为他们经常在 AnnArbor 四分之一圆范围内活动。每辆车通过专用短程通信通道连接，这个技术类似于你在家或是咖啡馆使用的 Wi-Fi 网络。

所有的数据都将被记录，所以研究者可以确定警告的准确性，知道哪种类型的警告最能帮助司机远离危险。眼下还没有自动驾驶车辆，但是车辆被安装了更多的传感器。大部分汽车是参与者自己的，汽车制造商也提供了 64 辆车，这些车辆配备了嵌入式通信设备连接汽车的机载计算机网络，安装了汽车制造商的定制警告界面和多个摄像机。

这个项目是美国交通运输部门、汽车制造商以及密歇根大学交通研究中心历经 10 年努力的成果。项目已经投入了 2500 万美元，80% 的资金由美国交通运输部门提供。八大汽车制造商（Ford，GeneralMotors，Honda，Hyundai-Kia，Mercedes-

Benz，Nissan，Toyotaand，Volkswagen）通过合作协议的方式对研究提供支持。

来自美国国家公路交通安全管理局的数字显示，美国平均每年有34000人死于交通事故，需要约2400亿美元维护公路交通安全。而该项目如果未来大规模推广，无疑将有效地减少交通事故，避免人员伤亡。

据不完全统计，每年全世界因交通事故死亡的人数超过100万。尽管科技日新月异，但是几十年过去了这个世界性难题依然难以解决。之前我们也介绍过隐形自行车头盔、Google无人驾驶汽车等。

美国密歇根州运输研究所（UMTRI）联合汽车厂家和各种机构，准备推出一个基于专用短程通讯（DSRC）的云平台，利用类似Wi-Fi的技术连接车载电脑和远程交通安全管理平台，在汽车有可能发生事故前发出警告信息，提醒司机注意安全驾驶，从而减少交通事故的发生。

未来一年内将有超过3000辆车参与到这个项目，工作人员将为每辆汽车配备车载电脑、通信设备、若干传感器和多个摄像头，车载电脑会将车辆行驶时的各种实时信号传给交通安全管理平台。

每当有危险情况发生，如汽车超速行驶或逆向行驶，安全平台就会即刻察觉并通过车载电脑发出语音或震动警告。这个平台除了提供安全警告，还有其他应用，如可以设置提醒功能，下班记得接孩子放学等，也支持开发者为其开发各种应用。

当前已有八大汽车制造商加入了这个试验，包括福特、通用、本田、现代、奔驰、日产、丰田和大众。密歇根州这个项目眼下只是一个试点，但仍要花费25亿美元。如果在全美推广的话每年要花费240亿美元，但考虑到美国每年有3.4万人死于交通事故，生命无价，这笔投入还是可以接受的。

让全世界每个角落都覆盖无线网，听上去好像是个美丽的设想，不过美国一家科技公司打算把它变成现实。这家公司预计在2015年6月前向近地轨道发射数百颗迷你卫星，这些卫星面向地球持续释放无线网络信号，覆盖世界各地，使用任何电子终端都能连接上无线网。

2014年2月26日，美国一家充满雄心壮志的公司，名叫媒体发展投资基金公司，他们推出的项目叫“Outernet”。这家公司正在与美国航天局联系，希望获得帮助，在国际空间站进行信号释放测试，后期还需要美国航天局帮忙把数百颗Cube-Sats迷你卫星送入指定轨道。按照设想，进入预定轨道后的卫星能够接收来自地面基站释放的网络数据，卫星需要对这些数据进行解析，并转换成无线网络释放到地球上。

另据站长之家报道，据外媒消息，美国科技创业者们欲通过一个名为Outernet的“科技乌托邦”项目来达到将无线网络信号覆盖全世界的目的。据悉，该项目是通过将数百颗微型人造卫星 CubeSats 发射至近地轨道，而这些人造卫星便是免费 Wi-Fi 的“发源地”。

实际上，Outernet 计划仍无法提供完善的无线网络，准确地说，这项计划主要是为了广泛地传播高质量的新闻以及息息相关的教育信息。Outernet 计划中的通信方式更趋向于一种多通道无线规划形式。

WiFi 技术无线电波的覆盖范围广：Wi-Fi 的半径则可达 100 米，适合办公室及单位楼层内部使用。而蓝牙技术只能覆盖 l5 米内。Wi-Fi 技术速度快，可靠性高：802.1lb 无线网络规范是 IEEE802.11 网络规范的变种，最高带宽为 1Mbps，在信号较弱或有干扰的情况下，带宽可调整为 5.5Mbps、2Mbps 和 1Mbps，带宽的自动调整，有效地保障了网络的稳定性和可靠性。Wi-Fi 技术无须布线：Wi-Fi 最主要的优势在于不需要布线，可以不受布线条件的限制，因此非常适合移动办公用户的需要，具有广阔市场前景。目前它已经从传统的医疗保健、库存控制和管理服务等特殊行业向更多行业拓展开去,甚至开始进入家庭以及教育机构等领域。Wi-Fi 技术健康安全：IEEE802. 1 规定的发射功率不可超过 100mW，实际发射功率约 60 ~ 70mW，手机的发射功率约 200mW 至 1 瓦间，手持式对讲机高达 5 瓦，而且无线网络使用方式并非像手机直接接触人体，是绝对安全的。

2014 年 3 月 6 日，记者从交通运输方面的专家和相关通信开发公司了解到，正在研发“火车 Wi-Fi”系统，并且在不久的将来就会在成渝动车上实现 Wi-Fi 覆盖。

2014 年 3 月 6 日晚上，西南交通大学信息科学与技术学院通信工程系主任方旭明教授接受天府早报记者采访时介绍，王梦恕误解了地铁通信和动车通信的概念，动车上使用 WiFi 的频率不会影响动车通信。

为保证列车运营、调度的正常进行，铁路通信如 GSM-R 频率为 800 ~ 900MHz，属于专门的通信频段，受到专门的保护。铁路系统的通信是沿着铁路线专门覆盖和优化的，信号质量得以保障。Wi-Fi 和地铁使用的通信频率属于公共频段，频率在 2.4GHz，医疗等公共机构都可以使用这个频段。

由于地铁和 Wi-Fi 的通信频率相同，在地铁上使用 Wi-Fi 可能影响地铁通信。但铁路部门的通信系统和 Wi-Fi 系统两者使用不同的网络，在频段和系统制式上都不同，“两个系统之间不会产生影响”。

西南交通大学信息科学与技术学院通信工程系与北京某通信公司目前正在研制“火车 Wi-Fi”系统，春运期间曾经在成渝动车组上进行测试运行。

成都市无线电管理委员会相关负责人表示，地铁上使用 Wi-Fi 不会影响地铁运行。

在成都地铁规划之初，成都市无线电管理委员会办公室就对成都地铁公司1、2号线800MHz数字集群通信系统组织召开了专家评审会，对成都地铁公司的通信系统设计问题进行了调研，证实其安全可靠。

另外，地铁开通之前，市无委还组织了成都市无线电监测站对成都地铁1、2号线所有站点进行了电磁环境测试，保证了指配频率的安全性。同时建立了定期联络沟通机制，成立了应急领导小组，并与电子政府应急网络接通，一旦地铁在地下运行出现问题，地面能及时知道情况。

2014年6月，央视以“危险的Wi-Fi”为题的节目揭露了在无线网络存在巨大的安全隐患，公共场所的免费Wi-Fi热点有可能就是钓鱼陷阱，而家里的路由器也可能被恶意攻击者轻松攻破。网民在毫不知情的情况下，就可能面临个人敏感信息遭盗取，访问钓鱼网站，甚至造成直接的经济损失。

许多商家为招揽客户，会提供Wi-Fi接入服务，客人发现Wi-Fi热点，一般会找服务员索要连接密码。黑客就提供一个名字与商家类似的免费Wi-Fi接入点，吸引网民接入。一旦连接到黑客设定的Wi-Fi热点，上网的所有数据包，都会经过黑客设备转发，这些信息都可以被截留下来分析，一些没有加密的通信就可以直接被查看。

除了伪装一个和正常Wi-Fi接入点雷同的Wi-Fi陷阱，攻击者还可以创建一个和正常Wi-Fi名称完全一样的接入点。方法是这样的：你在喝咖啡，另一个人也在你附近喝咖啡，由于咖啡厅的无线路由器信号覆盖不够稳定，你的手机会自动连接到攻击者创建的Wi-Fi热点。在你完全没有察觉的情况下，又一次掉落陷阱。

这是最讨厌的，也是最危险的，属于明显带有敌意。黑客可以使用黑客工具，攻击正在提供服务的无线路由器，干扰连接，家用型路由器抗攻击的能力较弱，网络连接就这样断线，继而连接到黑客设置的无线接入点。

这种危险与以上三种不同，攻击者首先会使用各种黑客工具破解家用无线路由器的连接密码，如果破解成功，黑客就成功连接你的家用路由器，共享一个局域网。攻击者并不甘心免费享用网络带宽，有些人还会进行下一步，尝试登录你的无线路由器管理后台。由于市面上存在安全隐患的无线路由器相当常见，黑客很可能破解你的家用路由器登录密码。

2015年央视315晚会曝光了黑客利用虚假Wi-Fi盗取用户照片、邮箱账号等隐私信息的全过程，让观众们对公共Wi-Fi上网安全产生严重怀疑，因为谁都不知道在遍布酒店、商场中的Wi-Fi后面是否也躲着“黑客”。

据315晚会报道，黑客可利用搭设虚假Wi-Fi网络的方式骗取用户接入，从而盗取用户隐私信息。而据安全专家分析，虚假 Wi-Fi 钓鱼是当前免费 Wi-Fi 的主要安全风险。

更改信道能够避免由其他设备引起的干扰。虽然如今的路由器已经具备了更强的信道选择能力，但你也可以手动选择以提升速度和稳定性。你可以使用 AcrylicWi-Fi 和 NetgearWi-FiAnalytics 等免费工具来查看家里哪个信道最繁忙，然后将路由器所使用的信道更改成状态最佳的。

市面上一些更新或更高端的路由器都支持为特定应用或设备提供优先权，让它们拥有更多的带宽。当你玩在线游戏或播放在线视频时，这一功能可带来明显不同。这项技术一般被称作 Qos 或 WMM，不同路由器的执行方式都不尽相同，你可以根据自己的需要为设备设定优先级。

大多数路由器都可以处理现有几乎所有的 Wi-Fi 标准，如最老的 802.11a 和最新最快的 802.11ac。如果你家里的笔记本和智能手机都支持最新的 802.11ac 标准，那你可以让路由器专注于提供最快的速度，而不是去照顾更老的设备。

路由器在默认状态下会广播自己的 SSID（服务集标识符），好让新设备可以快速加入其网络。如果你将其隐藏，那么就只能手动输入 SSID 来加入网络。这样做虽然有点麻烦，但的确也能带来不少的好处，如降低蹭网的概率。

和智能手机一样，路由器厂商也会通过固件升级来修复漏洞并提升稳定性，因此你应该经常检查自己的路由器是否有新的固件可用。不过路由器的固件升级相比智能手机要复杂一些，用户应该遵照厂商给出的指南进行。

谨慎使用公共场合的 Wi-Fi 热点。官方机构提供的而且有验证机制的 Wi-Fi，可以找工作人员确认后连接使用。其他可以直接连接且不需要验证或密码的公共 Wi-Fi 风险 WIFI 较高，背后有可能是钓鱼陷阱，尽量不使用。

使用公共场合的 Wi-Fi 热点时，尽量不要进行网络购物和网银的操作，避免重要的个人敏感信息遭到泄露，甚至被黑客银行转账。

养成良好的 Wi-Fi 使用习惯。手机会把使用过的 Wi-Fi 热点都记录下来，如果 Wi-Fi 开关处于打开状态，手机就会不断向周边进行搜寻，一旦遇到同名的热点就会自动进行连接，存在被钓鱼风险。因此当我们进入公共区域后，尽量不要打开 Wi-Fi 开关，或者把 Wi-Fi 调成锁屏后不再自动连接，避免在自己不知道的情况下连接上恶意 Wi-Fi。

家里路由器管理后台的登录账户、密码，不要使用默认的 admin，可改为字母加数字的高强度密码；设置的 Wi-Fi 密码选择 WPA2 加密认证方式，相对复杂的密码可大大提高黑客破解的难度。

不管在手机端还是电脑端都应安装安全软件。对于黑客常用的钓鱼网站等攻击手法，安全软件可以及时拦截提醒。进入360安全卫士的“流量防火墙”功能，开启局域网防护，还能有效防止家用路由器遭到攻击者劫持，防止网民上网裸奔。

使用VPN加密。建议经常旅行的用户使用VPN虚拟专用网络技术。许多大公司提供VPN技术使员工安全传输公司数据。若公司未提供VPN，建议在市场购买VPN设备。当然，这点对于普通用户来说有些难以做到，权当多了解一种安全方式吧。

用户可通过手机上的专门客户端程序，通过WAP方式与银行系统建立了连接，并进行账户查询、转账、缴费付款、消费支付等金融服务，这种方式被称为“手机银行”。与一般上网方式显著不同的是，其网址的头三个字母是WAP。手机银行的帐户信息是经过静态加密处理的，而且与手机绑定，即使他人盗取了你的账户信息，但在其他手机上也无法操作。经与工行客服核实，他们称为了方便用户，允许非指定手机操作手机银行账户了，但允许操作的资金额度很低。

最重要的是，手机银行还有认证手段。加密的原理很简单，其目的是让非授权用户即使获取了数据也无法利用，而认证则是对数据是否篡改、接收数据的人是不是授权用户等方面的审查措施，用来保证数据是真实可靠的，接收者是被授权的。从采用的具体技术和算法而言，加密与认证并没有明显的区别，但从功能角度而言，两者非常不同，相互不能取代，并可通过有效配合而达到很高的安全性。

你输入了正确的账号和密码，当进行涉及账户资金变动的操作时，手机银行会提示你输入特定的电子口令，而电子口令卡就是一种有效的认证手段。例如，工行的电子口令卡，它发来信息C5H8，你就要在相应的输入框里输入138141，而且银行每次发来的信息都不会相同。

不少账户被盗的案例其实是因为访问了钓鱼网站。他们伪装成正规的银行页面或是Wi-Fi支付页面，骗取你输入的帐户名和密码，而这未必一定需要通过Wi-Fi热点这种方式来实现，任何上网的方式都有可能上当。不过，公共的Wi-Fi确实提供了植入钓鱼网站的潜力，利用ARP欺骗，可以在用户浏览网站时植入一段HTML代码，使其自动跳转到钓鱼网站。从这个角度说，公共Wi-Fi网络为用户提供了一个便利的钓鱼环境。

避免被钓要注意使用安全。一方面，需要对别人发来的网络地址多留心，因为这个地址可能非常接近如淘宝、网上银行的域名地址，打开的页面也几乎和真实的界面完全一致，但是实际你进入的是一个伪装的钓鱼网站；另一方面，尽量选择具有安全认证功能的浏览器，这些浏览器能够自动提示你打开的页面是否安全，避免进入钓鱼网站。对于智能手机用户，在下载和交易有关的客户端软件时尽量选择官方渠道下载，不要安装来路不明的客户端。

八、红外数据组织

IrDA 是红外数据组织（InfraredDataAssociation）的简称，目前广泛采用的 IrDA 红外连接技术就是由该组织提出的。到目前为止，全球采用 IrDA 技术的设备超过了 5000 万部。IrDA 已经制定出物理介质和协议层规格，以及 2 个支持 IrDA 标准的设备可以相互监测对方并交换数据。初始的 IrDA1.0 标准制定了一个串行，半双工的同步系统，传输速率为 2400 ~ 115200bps，传输范围为 1m，传输半角度为 15 ~ 30°。最近 IrDA 扩展了其物理层规格使数据传输率提升到 4Mbps。PXA27x 就是使用了这种扩展了的物理层规格。

IrDA 数据协议由物理层、链路接入层和链路管理层三个基本层协议组成，另外，为满足各层上的应用的需要，IrDA 栈支持 IrLAP、IrLMP、IrIAS、IrIAP、IrLPT、IrCOMM、IrOBEX 和 IrLAN 等。

IrDA 红外串行物理层协议：IrPHY 定义了 4Mb/s 以下速率的半双工连接标准。在 IrDA 物理层中，将数据通信按发送速率分为三类:SIR、MIR 和 FIR。串行红外（SIR）的速率覆盖了 RS–232 端口通常支持的速率（9600bps ~ 115.2Kbps）。MIR 可支持 0.576Mbps 和 1.152Mbps 的速率；高速红外（FIR）通常用于 4Mbps 的速率，有时也可用于高于 SIR 的所有速率。4Mb/s 连接使用 4PPM 编码，1.152Mb/s 连接使用归零 OOK 编码，编码脉冲的占空比为 0.25。115.2kb/s 及其以下速率的连接使用占空比为 0.1875 的归零 OOK 编码。

IrLAP 红外链路接入协议:IrLAP 定义了链路初始化、设备地址发现、建立连接（其中包括比特率的统一）、数据交换、切断连接、链路关闭以及地址冲突解决等操作过程。它是从异步数据通信标准高级数据链路控制（HDLC）协议演化而来的。IrLAP 使用了 HDLC 中定义的标准祯类型，可用于点对点和点对多点的应用。IrLAP 的最大特点是，由一种协商机制来确定一个设备为主设备，其他设备为从设备。主设备探测它的可视范围，寻找从设备，然后从那些相应它的设备中选择一个并试图建立连接。在建立连接的过程中，两个设备彼此协调，按照它们共同的最高通信能力确定最后的通信速率。以上所说的寻找和协调过程都是在 9.6kbps 的波特率下进行的。

IrLMP 红外链路管理协议：IrLMP 是 IrLAP 之上的一层链路管理协议，主要用于管理 IrLAP 所提供的链路连接中的链路功能和应用程序以及评估设备上的服务，

并管理如数据速率、BOF 的数量（帧的开始）及连接转换向时间等参数的协调、数据的纠错传输等。

发现过程是 IrDA 设备查明在通信范围是否有其他设备的过程。在此情况下，发现范围内所有设备的地址，也就是 IrLAP 操控的设备序号，也有的是由 IrLMP 层指定的。哪个设备的发现程序占有时间槽，哪个设备就控制发现过程。当范围内有多个设备时，这种分槽的办法减少了冲突的可能性。在等待 560ms 后（普通断开方式规则），初始设备在每个时间槽的头部开始发现过程，并广播帧标记。当听到初始发现槽时，设备将随机选择一个响应。当设备接收到它选择槽的帧标记时，传送一个发现响应帧。在发现过程中所有的帧都采用 HDLC 的无编号的交换标识（XID）类型。如果参加发现过程的设备有重复的地址，那就需启动地址解析过程。地址解析过程与发现过程相似，它用探测地址冲突来启动过程，仅解析有冲突的地址。初始设备向冲突的地址传送地址解析 XID 命令，这个地址的设备选择另一个随机地址和槽响应。初始这像以前一样传送槽标记，而原先地址冲突的设备选择恰当的槽响应。一旦过程结束，每个设备将有唯一地址。如果仍有冲突，此过程反复进行。

一旦发现和地址解析过程完成后，应用层可以决定它希望连接到哪一个被发现的设备。应用层将发一个连接请求，它最终选择调用适当的 IrLAP 服务原语。IrLAP 层连接远程设备是采用发送带轮换查询位（pollbit）的设置正常响应模式（SNRM）的命令帧。假设远程的设备能接受连接，它将发送一个带中止位的无编号应答响应帧，指示连接已经被接受。在正常环境下，启动连接的设备（发送 SNRM）是主设备，其他设备是从设备。

信息交换过程的操作实在主从模式下进行的，就是主设备控制从设备的访问。主设备发出命令帧，从设备响应。为了保证在同一时间里只有一个设备能传送帧，一个传送许可令牌在主、从设备间交换。一个传送许可令牌在主、从设备间交换。主设备通过发送带轮换查询位的控制帧传递一个传送许可令牌给从设备，从设备通过带结束位的响应帧返回令牌。传送数据时，从设备保留令牌，一旦数据传输结束或达到最长转换时间，它必须将令牌返回主设备。当然，主设备也受最长传送时间的限制，但没有数据传送时，主设备允许保留令牌。

一旦数据传输完，主、从设备之一将断开链接。如果主设备希望断开链接，它将发送带轮询位的断开命令给从设备。从设备返回带终止位的未编号确认帧应答。两个设备将都处于正常断开模式，采用其参数（9600bps）。

一旦两个设备处于正常中断模式，传输媒介对于任何设备都是空闲的，都可以开始设备发现，地址解析，连接建立过程。

红外发射电路由红外线发射管 L2 和限流电阻 R2 组成。当主板红外接口的输出端 RTX 输出调制后的电脉冲信号时，红外线发射管将电脉冲信号转化为红外线光信号发射出去。电阻 R2 起限制电流的作用，以免过大的电流将红外管损坏。R2 的阻值越小，通过红外管的电流就越大，红外管的发射功率也随电流的增大而增大，发射距离就越远，但 R2 的阻值不能过小，否则会损坏红外管或主板红外接口！

红外接收电路由红外线接收管 L1 和取样电阻 R1 组成。当红外接收管接收到红外线光信号时，其反向电阻会随光信号的强弱变化而相应变化，根据欧姆定律可以得知通过红外接收管 L1 和电阻 R1 的电流也会相应变化，而在取样电阻两端的电压也随之变化，此变化的电压经主板红外接口的输入端 IRRX 输入主机。由于不同的红外接收管的电气参数不同，所以取样电阻 R1 的阻值要根据实际情况作一定范围的调整。

九、NFC 技术

这个技术由非接触式射频识别（RFID）演变而来，由飞利浦半导体（现恩智浦半导体公司）、诺基亚和索尼共同研制开发，其基础是 RFID 及互连技术。近场通信（NearFieldCommunication，NFC）是一种短距高频的无线电技术，在 13.56MHz 频率运行于 20 厘米距离内。其传输速度有 106Kbit/s、212Kbit/s 或者 424Kbit/s 三种。目前近场通信已通过了 ISO/IECIS18092 国际标准、ECMA-340 标准与 ETSITS102190 标准。NFC 采用主动和被动两种读取模式。

NFC 近场通信技术是由非接触式射频识别（RFID）及互联互通技术整合演变而来，在单一芯片上结合感应式读卡器、感应式卡片和点对点的功能，能在短距离内与兼容设备进行识别和数据交换。工作频率为 13.56MHz，但是使用这种手机支付方案的用户必须更换特制的手机。目前这项技术在日韩被广泛应用。手机用户凭借配置了支付功能的手机就可以行遍全国：他们的手机可以用作机场登机验证、大厦的门禁钥匙、交通一卡通、信用卡、支付卡等。

NFC 芯片具有相互通信功能，并具有计算能力，在 Felica 标准中还含有加密逻辑电路，MIFARE 的后期标准也追加了加密 / 解密模块（SAM）。NFC 标准兼容了索尼公司的 FeliCaTM 标准，以及 ISO14443A/B，也就是使用飞利浦的 MIFARE 标准。在业界简称为 TypeA、TypeB 和 TypeF，其中 A/B 为 Mifare 标准，F 为 Felica 标准。

为了推动 NFC 的发展和普及，业界创建了一个非营利性的标准组织——

NFCForum，促进 NFC 技术的实施和标准化，确保设备和服务之间协同合作。目前，NFCForum 在全球拥有数百个成员，包括：SONY、 Phlips、LG、摩托罗拉、NXP、NEC、三星、atoam、Intel 等其中中国成员有中国移动、华为、中兴、上海同耀和台湾正隆等公司。

2003 年，当时的 philips 半导体和 Sony 公司计划基于非接触式卡技术发展一种与之兼容的无线通信技术。飞利浦派了一个团队到日本和 sony 工程师一起闭关三个月，然后联合对外发布关于一种兼容当前 ISO14443 非接触式卡协议的无线通信技术，取名 NFC（NearFieldCommunication）。

该技术规范定义了两个 NFC 设备之间基于 13.56MHz 频率的无线通信方式，在 NFC 的世界里没有读卡器，没有卡，只有 NFC 设备。该规范定义了 NFC 设备通信的两种模式：主动模式和被动模式。并且分别定义了两种模式的选择和射频场防冲突方法、设备防冲突方法，定义了不同波特率通信速率下的编码方式、调制解调方式等等最最底层的通讯方式和协议，说白了就是解决了如何交换数据流的问题。该规范被提交到 ISO 标准组织获得批准成为正式的国际标准，这就是 ISO18092，后来增加了 ISO15693 的兼容，形成新的 NFC 国际标准 IP2，也就是 ISO21481。同时 ECMA（欧洲计算机制造协会）也颁布了针对 NFC 的标准，分别是 ECMA340 和 ECMA352，对应的是 ISO18092 与 ISO21481，其实两个标准内容大同小异，只是 ECMA 的是免费的，大家可以到网上下载，而 ISO 标准是收费的。不过，所幸的是，为了促进标准化，ISO/IEC18092：2013 和 ISO/IEC21481：2012 版均可在 ISO 官方网站上下载到免费的电子版。

为了加快推动 NFC 产业的发展，当时的飞利浦、SONY 和诺基亚联合发起成立了 NFC 论坛，旨在推动行业应用的发展，定义相关基于 NFC 应用的中间层规范，包括一些数据交换通信协议 NDEF，包括基于非接触式标签的几种 NFCtag 规范，主要涉及到卡片内部数据结构定义，NFC 设备（手机）如何识别一个标准的 NFC 论坛兼容的标签，如何解析具体应用数据等等相关规范，目的是为了让不同的 NFC 设备之间可以互连互通。比如，不同手机如何交换数据，如何识别同一个电子海报，等等。

与 RFID 一样，NFC 信息也是通过频谱中无线频率部分的电磁感应耦合方式传递，但两者之间还是存在很大的区别。首先，NFC 是一种提供轻松、安全、迅速的通信的无线连接技术，其传输范围比 RFID 小，RFID 的传输范围可以达到几米甚至几十米，但由于 NFC 采取了独特的信号衰减技术，相对于 RFID 来说 NFC 具有距离近、带宽高、能耗低等特点。其次，NFC 与现有非接触智能卡技术兼容，目前已经成为得到越来越多主要厂商支持的正式标准。再次，NFC 还是一种近距离连接协议，提供各种设备间轻松、安全、迅速而自动的通信。与无线世界中的其他连接方式相比，NFC 是一种近距离的私密通信方式。最后，RFID 更多的被应用在生产、物流、跟踪、资产管理上，而 NFC 则在门禁、公交、手机支付等领域内发挥着巨大的作用。

NFC、红外、蓝牙同为非接触传输方式，它们具有各自不同的技术特征，可以用于各种不同的目的，其技术本身没有优劣差别。NFC 手机内置 NFC 芯片，比原先仅作为标签使用的 RFID 更增加了数据双向传送的功能，这个进步使其更加适合用于电子货币支付；特别是 RFID 所不能实现的功能，如相互认证、动态加密和一次性钥匙（OTP）能够在 NFC 上实现。NFC 技术支持多种应用，包括移动支付与交易、对等式通信及移动中信息访问等。通过 NFC 手机，人们可以在任何地点、任何时间，通过任何设备，与他们希望得到的娱乐服务与交易联系在一起，从而完成付款，获取海报信息等。NFC 设备可以用作非接触式智能卡、智能卡的读写器终端以及设备对设备的数据传输链路，其应用主要可分为以下四个基本类型：用于付款和购票、用于电子票证、用于智能媒体以及用于交换、传输数据。

卡模式（Cardemulation）:这个模式其实就是相当于一张采用 RFID 技术的 IC 卡，可以替代现在大量的 IC 卡（包括信用卡）使用的场合如商场刷卡、公交卡、门禁管制、车票、门票，等等。在此种方式下，有一个极大的优点，那就是卡片通过非接触读卡器的 RF 域来供电，即使寄主设备（如手机）没电也可以工作。

点对点模式（P2Pmode）：这个模式和红外线差不多，可用于数据交换，只是传输距离较短，传输创建速度较快，传输速度也快些，功耗低（蓝牙也类似）。将两个具备 NFC 功能的设备链接，能实现数据点对点传输，如下载音乐、交换图片或者同步设备地址薄。因此，通过 NFC，多个设备如数位相机、PDA、计算机和手机之间都可以交换资料或者服务。

读卡器模式（Reader/writermode）：作为非接触读卡器使用，如从海报或者展览信息电子标签上读取相关信息。

NFC 天线是一种近场耦合天线，由于 13.56Mhz 波长很长，且读写距离很短，合适的耦合方式是磁场耦合，线圈是合适的耦合方式。业界在手机中通常采用磁性薄膜(如 TDK 等公司生产)贴合 FPC 方式来做天线。一种新技术是磁性薄膜与 FPC 合一，也即磁性 FPC。

NFC 具有成本低廉、方便易用和更富直观性等特点，这让它在某些领域显得更具潜力——NFC 通过一个芯片、一根天线和一些软件的组合，能够实现各种设备在几厘米范围内的通信，而费用仅为 2 ~ 3 欧元。据 ABIReasearch 有关 NFC 有最新研究，NFC 市场可能发迹于移动手持设备。ABI 估计，到 2005 年以后，市场会出现

采用 NFC 芯片的智能手机和增强型手持设备。到 2009 年，这种手持设备将占一半以上的市场。研究机构 StrategyAnalytics 预测，至 2011 年全球基于移动电话的非接触式支付额将超过 360 亿美元。

如果 NFC 技术能得到普及，它将在很大程度上改变人们使用许多电子设备的方式，甚至改变使用信用卡、钥匙和现金的方式。NFC 作为一种新兴的技术，大致总结了蓝牙技术协同工作能力差的弊病。不过，它的目标并非是完全取代蓝牙、Wi-Fi 等其他无线技术，而是在不同的场合、不同的领域起到相互补充的作用。因为 NFC 的数据传输速率较低，仅为 212Kbps，不适合诸如音、视频流等需要较高带宽的应用。

而所谓 RFID 标准和NFC标准的冲突，是对 NFC 的一种误解。NFC 和 RFID 在物理层有相似之处，但其本身和 RFID 是两个领域的技术，RFID 仅仅是一种通过无线对标签进行识别的技术，而 NFC 是一种无线通信方式，这种通信方式是交互的。

支持 NFC 的设备可以在主动或被动模式下交换数据。在被动模式下，启动 NFC 通信的设备，也称为 NFC 发起设备（主设备），在整个通信过程中提供射频场（RF-field），它可以选择 106kbps、212kbps 或 424kbps 其中一种传输速度，将数据发送到另一台设备。另一台设备称为 NFC 目标设备（从设备），不必产生射频场，而使用负载调制（loadmodulation）技术，即可以相同的速度将数据传回发起设备。此通信机制与基于 ISO14443A、MIFARE 和 FeliCa 的非接触式智能卡兼容，因此 NFC 发起设备在被动模式下，可以用相同的连接和初始化过程检测非接触式智能卡或 NFC 目标设备，并与之建立联系。

NFC与 RFID 的区别：第一，NFC 将非接触读卡器、非接触卡和点对点功能整合进一块单芯片，而 RFID 必须有阅读器和标签组成。RFID 只能实现信息的读取以及判定，而 NFC 技术则强调的是信息交互。通俗地说 NFC 就是 RFID 的演进版本，双方可以近距离交换信息。NFC 手机内置 NFC 芯片，组成 RFID 模块的一部分，可以当作 RFID 无源标签使用进行支付费用；也可以当作 RFID 读写器，用作数据交换与采集，还可以进行 NFC 手机之间的数据通信。第二，NFC 传输范围比 RFID 小，RFID的传输范围可以达到几米甚至几十米，但由于NFC采取了独特的信号衰减技术，相对于 RFID 来说 NFC 具有距离近、带宽高、能耗低等特点。第三，应用方向不同。NFC看更多的是针对于消费类电子设备相互通讯，有源RFID则更擅长在长距离识别。

随着互联网的普及，手机作为互联网最直接的智能终端，必将会引起一场技术上的革命，如同以前蓝牙、USB、GPS 等标配，NFC 将成为日后手机最重要的标配，通过 NFC 技术，手机支付、看电影、坐地铁都能实现，将在我们的日常生活中发挥更大的作用。

NFC 和蓝牙（Bluetooth）都是短程通信技术，而且都被集成到移动电话。但 NFC 不需要复杂的设置程序。NFC 也可以简化蓝牙连接。NFC 略胜蓝牙的地方在于设置程序较短，但无法达到低功率蓝牙（BluetoothLowEnergy）的速度。在两台 NFC 设备相互连接的设备识别过程中，使用 NFC 来替代人工设置会使创建连接的速度大大加快：少于十分之一秒。NFC 的最大数据传输量 424kbit/s 远小于 BluetoothV2.1（2.1Mbit/s）。虽然 NFC 在传输速度与距离上比不上蓝牙（小于 20cm），但相应可以减少不必要的干扰。这让 NFC 特别适用于设备密集而传输变得困难的时候。相对于蓝牙，NFC 兼容于现有的被动 RFID（13.56MHzISO/IEC18000–3）设施。NFC 的能量需求更低，与蓝牙 V4.0 低功耗协议类似。当 NFC 在一台无动力的设备（比如一台关机的手机，非接触式智能信用卡，或是智能海报）上工作时，NFC 的能量消耗要小于低功耗蓝牙 V4.0。对于移动电话或是移动消费性电子产品来说，NFC 的使用比较方便。NFC 的短距离通信特性正是其优点，由于耗电量低、一次只和一台机器链接，拥有较高的保密性与安全性，NFC 有利于信用卡交易时避免被盗用。NFC 的目标并非是取代蓝牙等其他无线技术，而是在不同的场合、不同的领域起到相互补充的作用。

一种近场耦合天线，由于 13.56Mhz 波长很长，且读写距离很短，合适的耦合方式是磁场耦合，线圈是合适的耦合方式。由于手机之类的消费型产品有很高的外观要求，因此天线一般需要内置。但是天线内置后，天线就必须贴近主板或电池（都含有金属导体成分）。这样设计的后果是，天线会在导体表面产生涡流来削弱天线的磁场。因此，业界在手机中通常采用磁性薄膜（如 TDK 等公司生产）贴合 FPC 方式来做天线。一种新技术是磁性薄膜与 FPC 合一，也即磁性 FPC。

目前内置 NFC 功能的设备主要以手机为主,也有不少平板电脑内置了 NFC 功能。从 2006 年诺基亚推出第一部 NFC 手机开始，其后陆续有不少手机加入了 NFC 功能，其中大部分手机搭载 Android 系统。

从 2005 年 12 月起，在美国的乔治亚州的亚特兰大菲利浦斯球馆，Visa 和飞利浦就开始合作进行主要的 NFC 测试 -- 球迷们可以很轻松地在特许经营店和服装店里买东西。另外，将具有 NFC 功能的手机放在嵌有 NFC 标签的海报前，他们还可以下载电影内容，如手机铃声、壁纸，屏保和最喜欢的明星及艺术家的剪报。另外的合作伙伴还包括诺基亚、Cingular、Visa、AtlantaSpirit、Chase、ViVOTech。

2005 年 10 月，在法国诺曼底的卡昂，飞利浦同法国电信、Orange、三星、LaSer 零售集团以及 Vinci 公园合作进行了主要的多应用 NFC 测试。在六个月的测试中,200 位卡昂居民将使用嵌有飞利浦 NFC 芯片的三星 D500 手机在选定的零售点、

公园设备进行支付，并可下载著名旅游景点的信息、电影宣传片以及汽车班次表。

2005 年 7 月起，飞利浦就同台湾近端移动交易服务计划联盟（ProximityMobileTransactionServiceAlliance;PMTSA）合作展示了一个可以利用 NFC 进行安全支付的 BenQ 手机。在推动 NFC 手机进入台湾公交网络的过程可以算是一个里程碑了。

NFC 的基本标签类型有四种，以 1 至 4 来标识，各有不同的格式与容量。这些标签类型格式的基础是 ISO14443 的 A 与 B 类型和 SonyFeliCa，前者是非接触式智能卡的国际标准，而后者符合 ISO18092 被动式通信模式标准。

保持 NFC 标签尽可能简单的优势是：在很多场合，标签可为一次性使用，如在海报中寿命较短的场合。

第 1 类标签（Tag1Type）：此类型基于 ISO14443A 标准。此类标签具有可读、重新写入的能力，用户可将其配置为只读。存储能力为 96 字节，用来存网址 URL 或其他小量数据富富有余。然而，内存可被扩充到 2k 字节。此类 NFC 标签的通信速度为 106kbit/s。此类标签简洁，故成本效益较好，适用于许多 NFC 应用。

第 2 类标签（Tag2Type）：此类标签也是基于 ISO14443A 标准，具有可读、重新写入的能力，用户可将其配置为只读。其基本内存大小为 48 字节，但可被扩充到 2k 字节。通信速度也是 106kbit/s。

第 3 类标签（Tag3Type）：此类标签基于 SonyFeliCa 体系。目前具有 2k 字节内存容量，数据通讯速度为 212kbit/s。故此类标签较为适合较复杂的应用，尽管成本较高。

第 4 类标签（Tag4Type）：此类标签被定义为与 ISO14443A、B 标准兼容。制造时被预先设定为可读 / 可重写或者只读。内存容量可达 32k 字节，通信速度介于 106kbit/s 和 424kbit/s 之间。

从上述不同标签类型的定义可以看出，前两类与后两类在内存容量、构成方面大不相同。故它们的应用不太可能有很多重叠。第 1 与第 2 类标签是双态的，可为读 / 写或只读。第 3 与第 4 类则是只读，数据在生产时写入或者通过特殊的标签写入器来写入。

标签设计与制造需要考虑很多方面。标签是为了可以大量、极低成本地制造，同时保持性能。在设计标签时，下面是需要考虑的几个关键的性能参数与要素：

读取速度：因为需要在两个 NFC 装置接近时传输标签所含的所有数据，故速度很重要。如果标签传输数据较慢，就有不能完全传输、可靠性差的危险，结果影响到用户，不明白该技术的用户，假如不得不重复多次才能奏效就会对其丧失信心。第一类 NFC 标签允许所有数据整块（block）传输，保持了标签的读取性能。

晶片尺寸：在标签设计中，晶片尺寸（diesize）具有特别的重要性。尺寸较小，则成本较低，标签也不那么显眼（对在海报中使用较为重要）。内存较小自然导致晶片尺寸较小。

单元价格：鉴于 NFC 标签的目标应用是极低成本的（如用于智能海报），单位价格是标签设计极其重要的一个因素。在这里，成本至为关键。标签成本受一系列因素影响，包括内存大小和所含附加特征带来的集成电路复杂性。把内存与特征尽可能简化，成本就能压低。当 NFC 体系真正起飞时，标签生产量可能达到数十亿的规模；需要精心设计，以在成本与性能之间取得正确的平衡。

近场通信（NFC）是无接触无线电技术，可在彼此距离几厘米的两个设备之间传输数据，是改善生活质量的一个比较有效的支付、访问、运输等的一种方式。

对 NFC 设备目前大家熟悉的主要是应用在手机应用中，NFC 技术在手机上的应用主要有以下五类：(1) 接触通过（TouchandGo），如门禁管理、车票和门票等，用户将储存车票证或门控密码的设备靠近读卡器即可，也可用于物流管理。(2) 接触支付（TouchandPay），如非接触式移动支付，用户将设备靠近嵌有 NFC 模块的 POS 机可进行支付，并确认交易。(3) 接触连接（TouchandConnect），如把两个 NFC 设备相连接，进行点对点（Peer-to-Peer）数据传输，如下载音乐、图片互传和交换通讯录等。(4) 接触浏览（TouchandExplore），用户可将 NFC 手机接触靠近街头有 NFC 功能的智能公用电话或海报，来浏览交通信息等。(5) 下载接触（LoadandTouch），用户可通过 GPRS 网络接收或下载信息，用于支付或门禁等功能，如前所述，用户可发送特定格式的短信至家政服务员的手机来控制家政服务员进出住宅的权限。

各种有意使用智能手机作为下一代门禁卡的机构正在对 NFC 进行技术测试，这是一种理想的企业应用。在 2011 年秋，黑莓手机制造商 RIM 和安全门禁卡、读卡器提供商 HIDGlobal 宣布，RIM 的一部分新产黑莓手机将配备 HIDGlobal 的 iCLASS 数字证书。配置 NFC 的黑莓 Bold 和 Curve 型号的手机都能兼容 HIDGlobal 的 iCLASS 读卡器，这些读卡器被广泛用于建筑门禁系统、学生 ID 读卡器、追踪员工签到和出勤。

员工还可以利用 NFC 智能手机和其他设备进入员工停车场或食堂并支付费用。NFC 标签可以被放置在会议室内部，与会者就可以在标签前挥动自己的兼容手机使其静音或打开 Wi-Fi。

政府还可以利用 NFC 来改善公共服务、提高运输系统及其他。一些城市和郊区已经开始使用 NFC 为居民提供更好的服务和改善生活质量。NFC 技术的出现让用户可以用智能手机或移动设备支付车费、进入停车场及支付费用、进入游泳池或图书

馆等公共设施。

法国移动非接触式协会（AFSCM）在NFC服务方面处于领先地位。据该组织称，法国是欧洲其中一个NFC手机用户最多的国家。AFCSM预计，到2012年年底将会有250万法国公民使用NFC设备。法国的“Cityzi”服务使用该国某些地方的用户可以通过快速扫描手机进入火车站，还可以在随处可见的NFC标签上挥动设备获取地图、产品信息或服务。旧金山市有约3万个NFC兼容的停车计时器。澳大利亚悉尼使用NFC标签来引导岩石区的游客。

NFC还可以作为一种短程技术，当几部设备离得非常近的时候，文件和其他内容就可以在这些设备中传递。这项功能对于需要协作的场所非常有用，如需要分享文件或多个玩家进行游戏的时候。

三星推出了一款具有NFC功能的GalaxySIII，具有一个名为AndroidBeam的功能，其他一些新出现的NFC安卓手机也具有该功能。它可以通过NFC在几部兼容设备间传递数据。一款安卓虚拟扑克游戏Zynga就是利用基于NFC的AndroidBeam功能让用户将智能手机或设备互相接触实现多玩家在线游戏的。

近距离无线通信（NFC）是一项适用于门禁系统的技术，这种近距离无线通信标准能够在几厘米的距离内实现设备间的数据交换。NFC还完全符合管理非接触式智能卡的ISO标准，这是其成为理想平台的一大显著特点。通过使用配备NFC技术的手机携带便携式身份凭证卡，然后以无线方式由读卡器读取，用户只需在读卡器前出示手机即可开门。据研究机构IHSiSuppli预测，2015年制造商将出厂约5.5亿部支持NFC的手机。

NFC虚拟凭证卡的最简单模式就是复制现行卡片内的门禁原则。手机将身份信息传递给读卡器，后者又传送给现有的门禁系统，最后打开门。这样，无须使用钥匙或智能卡，就可提供更安全、更便携的方式来配置、监控和修改凭证卡安全参数，不仅消除了凭证卡被复制的风险，而且还可在必要时临时分发凭证卡，若丢失或被盗也可取消凭证卡。

新一代智能卡技术的发展，使企业能够通过将门禁和电脑桌面登录整合到单一的身份识别平台，来保护设施、人员和资产。这种集成多应用的门禁解决方案不仅可用于传统的凭证卡和读卡器，还将用于移动设备（包括手机）。这些手机使用无线近距离通信（NFC）技术来接收及出示以往寄存在非接触式智能卡的虚拟凭证卡，实现开门、电子支付和安全读取数据等应用。

NFC移动访问设备具有智能特性，能够验证个人身份信息和其他相关访问规则，从而降低了未来对门禁读卡器（及门锁）的智能性和连接功能的要求。此外，NFC

手机将通过使用加密的安全通信发送认证信息至读卡器，实现门禁的控出准入。在这个过程中，读卡器只是需要解读用于开门的加密命令。读卡器或锁具未来可免连接到控制面板或服务器，显著降低读卡器或锁具的部署成本。

融合门禁和电脑桌面登录的集成多应用解决方案是门禁行业的大势所趋，并正在创造大量新的市场机会。随着此类解决方案不断迁移到NFC智能手机等移动平台，它们有机会成为客户的首选方案。

十、ZigBee技术

蜜蜂在发现花丛后会通过一种特殊的肢体语言来告知同伴新发现的食物源位置等信息，这种肢体语言就是ZigZag行舞蹈，是蜜蜂之间一种简单传达信息的方式。借此意义ZigBee作为新一代无线通信技术的命名。在此之前ZigBee也被称为“HomeRFLite”“RF-EasyLink”或“fireFly”无线电技术，统称为ZigBee。

简单地说，ZigBee是一种高可靠的无线数传网络，类似于CDMA和GSM网络。ZigBee数传模块类似于移动网络基站。通信距离从标准的75m到几百米、几公里，并且支持无限扩展。

ZigBee是一个由可多到65000个无线数传模块组成的一个无线数传网络平台，在整个网络范围内，每一个ZigBee网络数传模块之间可以相互通信，每个网络节点间的距离可以从标准的75m无限扩展。

与移动通信的CDMA网或GSM网不同的是，ZigBee网络主要是为工业现场自动化控制数据传输而建立，因而它必须具有简单、使用方便、工作可靠、价格低的特点。而移动通信网主要是为语音通信而建立，每个基站价值一般都在百万元人民币以上，而每个ZigBee“基站”却不到1000元人民币。每个ZigBee网络节点不仅本身可以作为监控对象，如其所连接的传感器直接进行数据采集和监控，还可以自动中转别的网络节点传过来的数据资料。除此之外，每一个ZigBee网络节点（FFD）还可在自己信号覆盖的范围内，和多个不承担网络信息中转任务的孤立的子节点（RFD）无线连接。

ZigBee是一种无线连接，可工作在2.4GHz（全球流行）、868MHz（欧洲流行）和915MHz（美国流行）3个频段上，分别具有最高250kbit/s、20kbit/s和40kbit/s的传输速率，它的传输距离在10 ~ 75m的范围内，但可以继续增加。作为一种无线通信技术，ZigBee具有如下特点：

低功耗：由于 ZigBee 的传输速率低，发射功率仅为 1mW，而且采用了休眠模式，功耗低，因此 ZigBee 设备非常省电。据估算，ZigBee 设备仅靠两节 5 号电池就可以维持长达 6 个月到 2 年的使用时间，这是其他无线设备望尘莫及的。

成本低：ZigBee 模块的初始成本在 6 美元左右，估计很快就能降到 1.5 ~ 2.5 美元，并且 ZigBee 协议是免专利费的。低成本对于 ZigBee 也是一个关键的因素。

时延短：通信时延和从休眠状态激活的时延都非常短，典型的搜索设备时延 30ms，休眠激活的时延是 15ms，活动设备信道接入的时延为 15ms。因此，ZigBee 技术适用于对时延要求苛刻的无线控制（如工业控制场合等）应用。

网络容量大：一个星型结构的 ZigBee 网络最多可以容纳 254 个从设备和一个主设备，一个区域内可以同时存在最多 100 个 ZigBee 网络，而且网络组成灵活。

可靠：采取了碰撞避免策略，同时为需要固定带宽的通信业务预留了专用时隙，避开了发送数据的竞争和冲突。MAC 层采用了完全确认的数据传输模式，每个发送的数据包都必须等待接收方的确认信息。如果传输过程中出现问题可以进行重发。

安全：ZigBee 提供了基于循环冗余校验（CRC）的数据包完整性检查功能，支持鉴权和认证，采用了 AES-128 的加密算法，各个应用可以灵活确定其安全属性。

ZigBee 模块是一种物联网无线数据终端，利用 ZigBee 网络为用户提供无线数据传输功能。该产品采用高性能的工业级 ZigBee 方案，提供 SMT 与 DIP 接口，可直接连接 TTL 接口设备，实现数据透明传输功能；低功耗设计，最低功耗小于 1mA；提供 6 路 I/O，可实现数字量输入输出、脉冲输出；其中有 3 路 I/O 还可实现模拟量采集、脉冲计数等功能。

该产品已广泛应用于物联网产业链中的 M2M 行业，如智能电网、智能交通、智能家居、金融、移动 POS 终端、供应链自动化、工业自动化、智能建筑、消防、公共安全、环境保护、气象、数字化医疗、遥感勘测、农业、林业、水务、煤矿、石化等领域。

ZigBee 技术所采用的自组织网是怎么回事？举一个简单的例子就可以说明这个问题，当一队伞兵空降后，每人持有一个 ZigBee 网络模块终端，降落到地面后，只要他们彼此之间在网络模块的通信范围内，通过彼此自动寻找，很快就可以形成一个互联互通的 ZigBee 网络。而且，由于人员的移动，彼此间的联络还会发生变化。因而，模块还可以通过重新寻找通信对象，确定彼此间的联络，对原有网络进行刷新。这就是自组织网。

网状网通信实际上就是多通道通信，在实际工业现场，由于各种原因，往往并不能保证每一个无线通道都能够始终畅通，就像城市的街道一样，可能因为车祸，道路维修等，使某条道路的交通出现暂时中断，此时由于我们有多个通道，车辆（相当于我们的控制数据）仍然可以通过其他道路到达目的地。而这一点对工业现场控制而言则非常重要。

所谓动态路由是指网络中数据传输的路径并不是预先设定的，而是传输数据前，通过对网络当时可利用的所有路径进行搜索，分析它们的位置关系以及远近，然后选择其中的一条路径进行数据传输。在我们的网络管理软件中，路径的选择使用的是“梯度法”，即先选择路径最近的一条通道进行传输，如传不通，再使用另外一条稍远一点的通路进行传输，以此类推，直到数据送达目的地为止。在实际工业现场，预先确定的传输路径随时都可能发生变化，或者因各种原因路径被中断了，或者过于繁忙不能进行及时传送。动态路由结合网状拓扑结构，就可以很好地解决这个问题，从而保证数据的可靠传输。

ZigBee 联盟是一个高速成长的非营利业界组织，成员包括国际著名半导体生产商、技术提供者、技术集成商以及最终使用者。联盟制定了基于 IEEE802.15.4，具有高可靠、高性价比、低功耗的网络应用规格。

ZigBee 联盟的主要目标是以通过加入无线网络功能，为消费者提供更富有弹性、更容易使用的电子产品。ZigBee 技术能融入各类电子产品，应用范围横跨全球的民用、商用、公共事业以及工业等市场。使联盟会员可以利用 ZigBee 这个标准化无线网络平台，设计出简单、可靠、便宜又节省电力的各种产品来。

ZigBee 联盟所锁定的焦点为制定网络、安全和应用软件层；提供不同产品的协调性及互通性测试规格；在世界各地推广 ZigBee 品牌并争取市场的关注；管理技术的发展。

IEEE 组织早在 2003 年就开始制定 IEEE802.15.4 标准并发布，2006 年进行标准更新，最新针对智能电网应用制定了 IEEE802.15.4g 标准，针对工业控制应用制定了 IEEE802.15.4e 标准。IEEE802.15.4 系列标准属于物理层和 MAC 层标准，由于 IEEE 组织在无线领域的影响力，以及 TI、ST、Ember、Freescale、NXP 等著名芯片厂商的推动，该标准已经成为无线传感器网络领域的事实标准，符合该标准的芯片已经在各个行业得到广泛应用。

ZigBee 联盟对 ZigBee 标准的制定：IEEE802.15.4 的物理层、MAC 层及数据链路层，标准已在 2003 年 5 月发布。ZigBee 网络层、加密层及应用描述层的制定也取得了较大的进展。V1.0 版本已经发布。其他应用领域及其相关的设备描述也会陆续发布。由于 ZigBee 不仅只是 802.15.4 的代名词，而且 IEEE 仅处理低级 MAC 层和物理层协议，因此 ZigBee 联盟对其网络层协议和 API 进行了标准化。完全协

议用于一次可直接连接到一个设备的基本节点的4K字节或者作为Hub或路由器的协调器的32K字节。每个协调器可连接多达255个节点，而几个协调器则可形成一个网络，对路由传输的数目则没有限制。ZigBee联盟还开发了安全层，以保证这种便携设备不会意外泄漏其标识，而且这种利用网络的远距离传输不会被其他节点获得。

2009年开始，ZigBee采用了IETF的IPv66Lowpan标准作为新一代智能电网SmartEnergy（SEP2.0）的标准，致力于形成全球统一的易于与互联网集成的网络，实现端到端的网络通信。随着美国及全球智能电网的大规模建设和应用，物联网感知层技术标准将逐渐由zigbee技术向IPv66Lowpan标准过渡。

随着我国物联网正进入发展的快车道，ZigBee也正逐步被国内越来越多的用户接受。ZigBee技术也已在部分智能传感器场景中进行了应用。例如在北京地铁9号线隧道施工过程中的考勤定位系统便采用的是ZigBee，ZigBee取代传统的RFID考勤系统实现了无漏读、方向判断准确、定位轨迹准确和可查询，提高了隧道安全施工的管理水平；在某些高档的老年公寓中，基于ZigBee网络的无线定位技术可在疗养院或老年社区内实现全区实时定位及求助功能。由于每个老人都随身携带一个移动报警器，遇到险情时，可以及时地按下求助按钮，不但使老人在户外活动时的安全监控及救援问题得到解决，而且使用简单方便，可靠性高。

据中国电信副总工程师靳东滨介绍，预计到2015年国内物联网市场规模将达到7500亿元，年复合增长率超过30%。智慧城市建设成为运营商推进物联网的重要落脚点。此外，工业和信息化部和财政部已设专项资金用以支持物联网发展。据悉，2013年投入的专项资金支持预算较2012年有所增长，将超5亿元。业内人士预计未来10年内物联网会大规模普及，其产业规模将远超互联网。

十一、UWB技术

UWB也可称为脉冲无线电，可追溯至19世纪。至今UWB还在争论之中。UWB调制采用脉冲宽度在ns级的快速上升和下降脉冲，脉冲覆盖的频谱从直流至GHz，不需常规窄带调制所需的RF频率变换，脉冲成型后可直接送至天线发射。脉冲峰峰时间间隔在10 ~ 100ps级。频谱形状可通过甚窄持续单脉冲形状和天线负载特征来调整。UWB信号在时间轴上是稀疏分布的，其功率谱密度相当低，RF可同时发射多个UWB信号。UWB信号类似于基带信号，可采用OOK，对映脉冲键控，脉冲振幅调制或脉位调制。UWB不同于把基带信号变换为无线射频（RF）的常规无线系统，可视为在 RF 上基带传播方案，在建筑物内能以极低频谱密度达到 100Mb/s 数据速率。

为进一步提高数据速率，UWB 应用超短基带丰富的 GHz 级频谱，采用安全信令方法（IntriguingSignalingMethod）。基于 UWB 的宽广频谱，FCC 在 2002 年宣布 UWB 可用于精确测距，金属探测，新一代 WLAN 和无线通信。为保护 GPS，导航和军事通信频段，UWB 限制在 3.1 ~ 10.6GHz 和低于 41dB 发射功率。

UWB 无线通信是一种不用载波，而采用时间间隔极短（小于 1ns）的脉冲进行通信的方式，也称作脉冲无线电（ImpulseRadio）、时域（TimeDomain）或无载波（CarrierFree）通信。与普通二进制移相键控（BPSK）信号波形相比，UWB 方式不利用余弦波进行载波调制而发送许多小于 1ns 的脉冲，因此这种通信方式占用带宽非常之宽，且由于频谱的功率密度极小，它具有通常扩频通信的特点。

UWB 通过在较宽的频谱上传送极低功率的信号，能在 10 米左右的范围内实现数百 Mbit/s 至数 Gbit/s 的数据传输速率。UWB 具有抗干扰性能强、传输速率高、带宽极宽、消耗电能小、发送功率小等诸多优势，主要应用于室内通信、高速无线 LAN、家庭网络、无绳电话、安全检测、位置测定、雷达等领域。

UWB 技术最初是被作为军用雷达技术开发的，早期主要用于雷达技术领域。2002 年 2 月，美国 FCC 批准了 UWB 技术用于民用，UWB 的发展步伐开始逐步加快。

与蓝牙和 WLAN 等带宽相对较窄的传统无线系统不同，UWB 能在宽频上发送一系列非常窄的低功率脉冲。较宽的频谱、较低的功率、脉冲化数据，意味着 UWB 引起的干扰小于传统的窄带无线解决方案，并能够在室内无线环境中提供与有线相媲美的性能。UWB 具有以下特点：

抗干扰性能强。UWB 采用跳时扩频信号，系统具有较大的处理增益，在发射时将微弱的无线电脉冲信号分散在宽阔的频带中，输出功率甚至低于普通设备产生的噪声。接收时将信号能量还原出来，在解扩过程中产生扩频增益。因此，与 IEEE802.11a、IEEE802.11b 和蓝牙相比，在同等码速条件下，UWB 具有更强的抗干扰性。传输速率高。UWB 的数据速率可以达到几十 Mbit/s 到几百 Mbit/s，有望高于蓝牙 100 倍，也可以高于 IEEE802. 11a 和 IEEE802. 11b。

带宽极宽。UWB 使用的带宽在 1GHz 以上，高达几个 GHz。超宽带系统容量大，并且可以和目前的窄带通信系统同时工作而互不干扰。这在频率资源日益紧张的今天，开辟了一种新的时域无线电资源。

消耗电能小。通常情况下，无线通信系统在通信时需要连续发射载波，因此要消耗一定电能。而 UWB 不使用载波，只是发出瞬间脉冲电波，也就是直接按 0 和 1 发送出去，并且在需要时才发送脉冲电波，所以消耗电能小。

保密性好。UWB 保密性表现在两方面。一方面是采用跳时扩频，接收机只有已知发送端扩频码时才能解出发射数据；另一方面是系统的发射功率谱密度极低，用传统的接收机无法接收。

发送功率非常小。UWB 系统发射功率非常小，通信设备可以用小于 1mW 的发射功率就能实现通信。低发射功率大大延长系统电源工作时间。而且，发射功率小，其电磁波辐射对人体的影响也会很小，应用面就广。

由于 UWB 具有强大的数据传输速率优势，同时受发射功率的限制，在短距离范围内提供高速无线数据传输将是 UWB 的重要应用领域，如当前 WLAN 和 WPAN 的各种应用。总的说来，UWB 主要分为军用和民用两个方面。

在军用方面，主要应用于 UWB 雷达、UWBLPI / D 无线内通系统（预警机、舰船等）、战术手持和网络的 PLI / D 电台、警戒雷达、UAV / UGV 数据链、探测地雷、检测地下埋藏的军事目标或以叶簇伪装的物体。民用方面主要包括以下 3 个方面：地质勘探及可穿透障碍物的传感器；汽车防冲撞传感器等；家电设备及便携设备之间的无线数据通信等。

特别是，UWB 在家庭数字娱乐领域大有用武之地。在过去几年里，家庭电子消费产品层出不穷。PC、DVD、DVR、数码相机、数码摄像机、HDTV、PDA、数字机顶盒、MD、MP3、智能家电等出现在普通家庭里。如何把这些相互狙立的信息产品有机地结合起来，这是建立家庭数字娱乐中心一个关键技术问题。未来“家庭数字娱乐中心”的概念是：将来住宅中的 PC、娱乐设备、智能家电和 Internet 都连接在一起，人们可以在任何地方更加轻松地使用它们。举例来说，家庭用户储存的视频数据可以在 PC、DVD、TV、PDA 等设备上共享观看，可以自由地同 Internet 交互信息；可以遥控 PC，让它控制你的信息家电；也可以通过 Internet 联机，用无线手柄结合音、像设备营造出逼真的虚拟游戏空间。在这方面，应用 UWB 技术无疑是一个很好的选择。

目前 UWB 标准化的工作还没有完成，一些技术问题需要不断完善，但它将可能成为新一代 WLAN 和 WPAN 的技术基础，从而实现超高速宽带无线接入。专家指出，在军事需求和商业市场的推动下，UWB 技术将会进一步发展和成熟起来。

UWB 技术最基本的工作原理是发送和接收脉冲间隔严格受控的高斯单周期超短时脉冲，超短时单周期脉冲决定了信号的带宽很宽，接收机直接用一级前端交叉相关器就把脉冲序列转换成基带信号，省去了传统通信设备中的中频级，极大地降低了设备复杂性。

UWB 技术采用脉冲位置调制 PPM 单周期脉冲来携带信息和信道编码，一般工作脉宽 0.1 ~ 1.5ns（1 纳秒 = 十亿分之一秒），重复周期在 25 ~ 1000ns。

实际通信中使用一长串的脉冲，图 2 显示了周期性重复的单脉冲的时域和频域特性。频谱中出现了强烈的能量尖峰，这是由于时域中信号重复的周期性造成了频谱的离散化。这些尖峰将会对传统无线电设备和信号构成干扰，而且这种十分规则的脉冲序列也没有携带什么有用信息。改变时域的周期性可以减低这种尖峰，即采用脉冲位置调制 PPM。

比如，可以用每个脉冲出现位置超前或落后于标准时刻一个特定的时间 δ 来表示一个特定的信息。

图中调制前脉冲的平均周期和调制量 δ 的数值都极小。因此，调制后在接收端需要用匹配滤波技术才能正确接收，即用交叉相关器在达到零相位差的时候就可以检测到这些调制信息，哪怕信号电平低于周围噪声电平。由图还可见调制后降低了频谱的尖峰幅度，之所以仍不够十分平滑是因为时间位置偏移量不够大，也不够杂乱。为了进一步平滑信号频谱，可以让重复时间的位置偏移量 δ 大小不一，变化随机，同时也为了在共同的信道如空中取得自己专用的信道，即实现通信系统的多址，可以对一个相对长的时间帧内的脉冲串按位置调制进行编码，特别是采用伪随机序列编码。接收端只有用同样的编码序列才能正确接收和解码。显示了伪随机时间调制编码后的脉冲序列的波形和频谱。

图中频谱已经接近白噪声频谱，功率也小了许多，这就是伪随机编码产生的效果。适当地选择码组，保证组内各个码字相互正交或接近正交，就可以实现码分多址。

UWB 系统采用相关接收技术，关键部件称为相关器（correlator）。相关器用准备好的模板波形乘以接收到的射频信号，再积分就得到一个直流输出电压。相乘和积分只发生在脉冲持续时间内，间歇期则没有。处理过程一般在不到 1ns 的时间内完成。相关器实质上是改进了的延迟探测器，模板波形匹配时，相关器的输出结果量度了接收到的单周期脉冲和模板波形的相对时间位置差。显示了不同位置七个脉冲经相关器后的波形走势，750ns 后的稳定波形是输出结果。

值得注意的是，虽然 UWB 信号几乎不对工作于同一频率的无线设备造成干扰。但是所有带内的无线电信号都是对 UWB 信号的干扰，UWB 可以综合运用伪随机编码和随机脉冲位置调制以及相关解调技术来解决这一问题。

美国英特尔公司于 2002 年 2 月 28 日在该公司主办的开发商会议“IntelDeveloperForum（IDF）Spring2002”上公开演示了下一代短距离无线技术“UWB”（超宽带技术）。主要有如下三大特点：（1）高达数百 Mbit/s 的高速通信；（2）耗电量为现有无线技术的 1/100 以下；（3）较现有无线技术成本更低。

美国英特尔于 2002 年 4 月在“IDF2002SpringJapan”上对该技术进行演示。两部终端分别是发送器和接收器。在区区数米的距离内能够以 100Mbit/s 的速度进行通信。

除英特尔外，美国 TimeDomain、美国 MultispectralSolutions 以及美国 XtremeSpectrum 等公司也在进行 UWB 无线设备的开发和生产。这些公司都正在从事军用无线设备及雷达方面的研发。UWB 是以军用雷达为主要用途，从 1960 年开始开发的军用技术。

冷战结束后，由于受到军转民潮流的影响，各家企业展开了游说活动，以便解除对 UWB 的民用禁令。UWB 的最终解禁是 2002 年 2 月 14 日。这一天美国 FCC（美国联邦通信委员会）准许该技术进入民用领域，用户不必进行申请即可使用。

UWB 此前并非只是因为军事上的原因才无法进行民用的。其主要原因在于 UWB 所特有的“超宽带”特点。

在基于 UWB 的通信中所必须的频带宽度相当大，从 500MHz 直至数 GHz。比如，英特尔的试制机使用的就是从 2GHz 频带至 6GHz 频带之间的 4GHz 带宽。也许有很多人不清楚这个带宽到底有多大，但是模拟手机使用的带宽仅为 30kHz，甚至连采用同时使用多个带宽的 OFDM（正交频分复用）技术进行高速通信的 IEEE802.11a 所使用的带宽也只不过是 18MHz（日本标准）。

但实际上并不存在空闲如此之宽的频带。所以，无论怎么做，总是要出现与现有无线技术所使用的频带相互重叠的部分。可以说这不是一项进行频带分配而是以共享其他无线技术使用的频带为前提的无线技术。

当然，还存在着用户申请的壁垒。IEEE802.11a 和 11b 等无线 LAN 产品，用户不必申请许可即可使用。如果只能购买而不能使用的话，那么就不可能得到普及。因此对于 UWB 而言，不可或缺的是解禁必须以免除用户申请为前提。

最终，2002 年 2 月 FCC 准许 UWB 技术进入民用领域的条件就是：“在发送功率低于美国放射噪音规定值——41.3dBm/MHz（换算成功率则为 1mW/MHz）的条件下，可将 3.1G ~ 10.6GHz 的频带用于对地下和隔墙之物进行扫描的成像系统、汽车防撞雷达以及在家电终端和便携式终端间进行测距和无线数据通信”。

发射功率的大小决定其传输距离。据英特尔按照 FCC 的规定而进行的演示结果显示，对于 10 米以内的距离，UWB 可以发挥出高达数百 Mbit/s 的传输性能，但是在 20 米处反倒是 IEEE802.11a/b 的无线 LAN 更好一些。也就是说，既然 UWB 将与现有无线技术共存，就不会被用于长距离传输。

UWB 实质上是短小精悍的“脉冲”之所以需要如此的带宽，是因为 UWB 是与手机和无线 LAN 等现有无线通信完全不同的方式。

现有的无线通信为了划分频带而使用“载波”。载波的频率和功率在一定范围内变化，从而利用载波的状态变化来传输信息。

而 UWB 则不使用载波。它使用“脉冲”信号进行信息传输。所谓脉冲，就是指产生和消失时间极其短暂的瞬间电流。而 UWB 方面，其产生和消失时间仅为数百微秒至数纳秒以下。1 毫秒是 1/1000 秒，1 微秒是 1/1000 毫秒，1 纳秒相当于 1/100 微秒。由于在 1 纳秒的时间里光也只能传播约 30cm 的距离，可见这种脉冲非常之短。

如果将这种脉冲按频率来分析，则可以将其分解成多种频率的波（正弦波）段。由于是肉眼看不见的电波，因此难以直观地进行把握，但正如可利用棱镜对光进行分解得到各种波长的光一样，也可以使用类似的方法进行分析。

如果减小脉冲的长度，那么频带宽度的增加将与时间成反比。在使用脉冲传送信号时，脉冲长度越小，单位时间内传送的信号就越多。反过来说，带宽越宽就能够传送更多的脉冲。不仅速度可以提高，而且还能有效地降低耗电量。由于加电时间极其短暂，因此平均耗电量很低。

不过，麻烦的是，包含高达数 GHz 频带的频率成分的脉冲对于其他无线通信而言，只是干扰通信的噪声而已。FCC 在充分考虑干扰的危害性之后，才最后决定解除对 UWB 的民用禁令。但是美国国防部和航空界至今仍然认为可能会造成干扰。看来即使在 UWB 的发祥地——美国，人们的意见也并不统一。

目前在日本国内的情况是，既没有充分的实证性数据，也没有在日本电波法这一框架下对如何使用UWB进行讨论。日本总务省的观点是:“美国和日本的国情不同。无法直接照搬美国标准”。

现在令人担心的是，UWB 会干扰到利用来自宇宙的微弱电波进行观测的电波天文台。美国的电波天文台大多设立在以沙漠为主的无人地区，而日本的电波天文台有的就设置在离民房和道路不远的地方。虽然可以通过更新设备来调整频带，但不管怎么说都需要耗费较长的时间。

在以上分析的基础上，我们来预测一下 UWB 一旦在日本得到批准后，在个人电脑上的应用前景。毫无疑问，核心问题是硬件与软件的支持。

硬件方面，美国 TimeDomain 公司和美国 MultispectralSolutions 公司已经达到了即将开始提供 UWB 芯片组工业样品的阶段，估计最快将于 2004 年进行正式投产。

最有可能的情况是，将 UWB 集成到个人电脑芯片组中。目前，英特尔正在进行研究和开发，以便将其配备于芯片组中。这是因为与使用载波的无线技术不同，由于脉冲发生的电路结构简单，因此相对来说比较容易在芯片组中集成。

英特尔总裁保罗·奥特里尼（PaulOttelini）已宣布：“将在 Banias 中集成无线

LAN 功能”。Banias 是与 Crusoe 相抗衡的低耗电处理器，计划于 2003 年上半年开始供货。在这种芯片组中将集成无线 LAN 功能，也就是 IEEE802.11（是 a 还是 b 尚未确定）。尽管 UWB 技术目前还处于开发的初始阶段，各种产品的投产时间尚未确定，但是在 Banias 芯片组中积累的经验一定会派上用场。

在超高速无线技术方面，目前 60GHz 的使用微波频带的无线技术也正在开发中。尽管如此，要想把使用大大超过半导体工作频率的频带的无线技术集成到芯片组中还是非常困难的。

在 OS 的支持方面，如果继续使用现有的软件，那么制造商的负担也许并不大。这是因为 UWB 只不过是相当于接口最下层的物理层规格。比如，英特尔将 UWB 定位于“无线 USB2.0”。实际上，尽管还面临着如何认证与个人电脑连接的设备等无线技术所特有的问题，但是只需提供用于控制终端产品的设备驱动程序，基本上就可以直接沿用上层程序。

另外也可能将其作为蓝牙的物理层来使用。TimeDomain 和 MultispectralSolutions 等公司已经向旨在推进面向短距离通信的无线方式标准化的 IEEE802.15 委员会提出了 UWB 规格。所谓 IEEE802.15 就是指已经标准化的蓝牙技术。设立于 2002 年 1 月的研究小组“SG3a”的目标就是：专门面向动态图像传输，制定数据传输速度在 100Mbit/s 以上的无线技术标准规格。该小组将于 2003 年 4 月至 7 月确定相应规格。如果不出意外的话，或许 UWB 将作为“蓝牙 2”出现在用户面前

目前一种新的无线通信技术引起了人们的广泛关注，这就是所谓的“UWB”（UltraWideBand，超宽带无线技术）技术。正如其名称一样，UWB 技术是一种使用 1GHz 以上带宽的最先进的无线通信技术，被认为是未来五年电信热门技术之一。但是 UWB 不是一个全新的技术，它实际上是整合了业界已经成熟的技术如无线 USB、无线 1394 等连接技术，本文就是对 UWB 作一简单的介绍。

UWB 的历史渊源，可以追溯到一百年前波波夫和马可尼发明越洋无线电报的时代。现代意义上的超宽带 UWB 无线技术，又称脉冲无线电（ImpulseRadio）技术，出现于 1960 年。

与传统通信技术不同的是，UWB 是一种无载波通信技术，即它不采用载波，而是利用纳秒至微微秒级的非正弦波窄脉冲传输数据，因此其所占的频谱范围很宽。UWB 是利用纳秒级窄脉冲发射无线信号的技术，适用于高速、近距离的无线个人通信。按照 FCC 的规定，从 3.1GHz 到 10.6GHz 之间的 7.5GHz 的带宽频率为 UWB 所使用的频率范围。

从频域来看，超宽带有别于传统的窄带和宽带，它的频带更宽。窄带是指相对

带宽（信号带宽与中心频率之比）小于 1%，相对带宽在 1% 到 25% 之间的被称为宽带，相对带宽大于 25%，而且中心频率大于 500MHz 的被称为超宽带。从时域上讲，超宽带系统有别于传统的通信系统。一般的通信系统是通过发送射频载波进行信号调制，而 UWB 是利用起、落点的时域脉冲（几十 ns）直接实现调制，超宽带的传输把调制信息过程放在一个非常宽的频带上进行，而且以这一过程中所持续的时间，来决定带宽所占据的频率范围。由于 UWB 发射功率受限，进而限制了其传输距离，据资料表明，UWB 信号的有效传输距离在 10m 以内，故而在民用方面，UWB 普遍地定位于个人局域网范畴。

由于 UWB 与传统通信系统相比，工作原理迥异，因此 UWB 具有如下传统通信系统无法比拟的技术特点：

系统结构的实现比较简单：当前的无线通信技术所使用的通信载波是连续的电波，载波的频率和功率在一定范围内变化，从而利用载波的状态变化来传输信息。而 UWB 则不使用载波，它通过发送纳秒级脉冲来传输数据信号。UWB 发射器直接用脉冲小型激励天线，不需要传统收发器所需要的上变频，从而不需要功用放大器与混频器，因此 UWB 允许采用非常低廉的宽带发射器。同时在接收端，UWB 接收机也有别于传统的接收机，不需要中频处理，因此 UWB 系统结构的实现比较简单。

高速的数据传输：在民用商品中，一般要求 UWB 信号的传输范围为 10m 以内，再根据经过修改的信道容量公式，其传输速率可达 500Mbit/s，是实现个人通信和无线局域网的一种理想调制技术。UWB 以非常宽的频率带宽来换取高速的数据传输，并且不单独占用现在已经拥挤不堪的频率资源，而是共享其他无线技术使用的频带。在军事应用中，可以利用巨大的扩频增益来实现远距离、低截获率、低检测率、高安全性和高速的数据传输。

功耗低：UWB 系统使用间歇的脉冲来发送数据，脉冲持续时间很短，一般在 0.2ns ~ 1.5ns 之间，有很低的占空因数，系统耗电可以做到很低，在高速通信时系统的耗电量仅为几百 μW 至几十 mW。民用的 UWB 设备功率一般是传统移动电话所需功率的 1/100 左右，是蓝牙设备所需功率的 1/20 左右。军用的 UWB 电台耗电也很低。因此，UWB 设备在电池寿命和电磁辐射上，相对于传统无线设备有着很大的优越性。

安全性高：作为通信系统的物理层技术具有天然的安全性能。由于 UWB 信号一般把信号能量弥散在极宽的频带范围内，对一般通信系统，UWB 信号相当于白噪声信号，并且大多数情况下，UWB 信号的功率谱密度低于自然的电子噪声，从电子噪声中将脉冲信号检测出来是一件非常困难的事。采用编码对脉冲参数进行伪随机

化后，脉冲的检测将更加困难。

多径分辨能力强：由于常规无线通信的射频信号大多为连续信号或其持续时间远大于多径传播时间，多径传播效应限制了通信质量和数据传输速率。由于超宽带无线电发射的是持续时间极短的单周期脉冲且占空比极低，多径信号在时间上是可分离的。假如多径脉冲要在时间上发生交叠，其多径传输路径长度应小于脉冲宽度与传播速度的乘积。由于脉冲多径信号在时间上不重叠，很容易分离出多径分量以充分利用发射信号的能量。大量的实验表明，对常规无线电信号多径衰落深达 10 ~ 30dB 的多径环境，对超宽带无线电信号的衰落最多不到 5dB。

定位精确：冲激脉冲具有很高的定位精度，采用超宽带无线电通信，很容易将定位与通信合一，而常规无线电难以做到这一点。超宽带无线电具有极强的穿透能力，可在室内和地下进行精确定位，而 GPS 定位系统只能工作在 GPS 定位卫星的可视范围之内；与 GPS 提供绝对地理位置不同，超短脉冲定位器可以给出相对位置，其定位精度可达厘米级，此外，超宽带无线电定位器更为便宜。

工程简单造价便宜：在工程实现上，UWB 比其他无线技术要简单得多，可全数字化实现。它只需要以一种数学方式产生脉冲，并对脉冲产生调制，而这些电路都可以被集成到一个芯片上，设备的成本将很低。

如前所述，现代意义上的超宽带 UWB 数据传输技术，又称脉冲无线电（IR，ImpulseRadio）技术，出现于 1960 年，当时主要研究受时域脉冲响应控制的微波网络的瞬态动作。通过 Harmuth、Ross 和 Robbins 等先行公司的研究，UWB 技术在 70 年代获得了重要的发展，其中多数集中在雷达系统应用中，包括探地雷达系统。到 80 年代后期，该技术开始被称为“无载波”无线电，或脉冲无线电。美国国防部在 1989 年首次使用了“超带宽”这一术语。为了研究 UWB 在民用领域使用的可行性，自 1998 年起，美国联邦通信委员会（FCC）对超宽带无线设备对原有窄带无线通信系统的干扰及其相互共容的问题开始广泛征求业界意见，在有美国军方和航空界等众多不同意见的情况下,FCC 仍开放了 UWB 技术在短距离无线通信领域的应用许可。这充分说明此项技术所具有的广阔应用前景和巨大的市场诱惑力。

2003 年 12 月，在美国新墨西哥州的阿尔布克尔市举行的 IEEE 有关 UWB 标准的大讨论。那时关于 UWB 技术有两种相互竞争的标准，一方是以 Intel 与德州仪器为首支持的 MBOA 标准，一方是以摩托罗拉为首的 DS-UWB 标准，双方在这场讨论中各不相让，两者的分歧体现在 UWB 技术的实现方式上，前者采用多频带方式，后者为单频带方式。目前，这两个阵营均表示将单独推动各自的技术。虽然标准尘埃未定，但摩托罗拉已有了追随者，三星在今年国际消费电子展上展示了全球第一套可同时播放三个不同的HSDTV视频流的无线广播系统，就采用了摩托罗拉公司的XtremeSpectrum芯片，该芯片组是摩托罗拉的第二代产品，目前已有样片提供，其数据传输速度最高可达114Mbps，而功耗不超过200mW。在另一阵营中，Intel公司近期在其开发商论坛上展示了该公司第一个采用90nm技术工艺处理的UWB芯片；同时，该公司还首次展示多家公司联合支持的、采用UWB芯片的、应用范围超过10M的480Mbps无线USB技术。在今年5月中旬由IEEE802.15.3a工作组主持召开的标准大讨论会议上对这种技术进行投票选举UWB标准，MBOA获得60%的支持，DS-UWB获取40%的支持，两者都没有达到成为标准必须达到75%选票的要求。因此，标准之争还要持续下去。

美国在UWB的积极投入，引起欧盟和日本的重视，也纷纷开展研究计划。由Wisair、Philips等六家公司和团体，成立了Ultrawaves组织，研究家庭内UWB在AV设备高速传输的可行性。位于以色列的Wisair多次发表所开发的UWB芯片组。STMicro、Thales集团和摩托罗拉等10家公司和团体则成立了UCAN组织，利用UWB达成PWAN的技术，包括实体层、MAC层、路由与硬件技术等。PULSERS是由位于瑞士的IBM研究公司、英国的Philips研究组织等45家以上的研究团体组成，研究UWB的近距离无线界面技术和位置测量技术。日本在2003年元月成立了UWB研究开发协会，计有40家以上的业者和大学参加，并在同年3月构筑UWB通信试验设备。多个研究机构可在不经过核准的情况下，先行从事研究。中国在2001年9月初发布的“十五”国家863计划通信技术主题研究项目中，首次将“超宽带无线通信关键技术及其共存与兼容技术”作为无线通信共性技术与创新技术的研究内容，鼓励国内学者加强这方面的研究工作。

从UWB的技术参数来看，UWB的传输距离只有10M左右，因此我们只拿常见的短距离无线技术与UWB作一对比，从中更能显示出UWB杰出的优点。常见的短距离无线技术有IEEE802.11a、蓝牙、HomeRF。

IEEE802.11a是由IEEE制定的无线局域网标准之一，物理层速率在54Mbps，传输层速率在25Mbps，它的通信距离可能达到100M，而UWB的通信距离在10M左右。在短距离的范围（如10M以内），IEEE802.11a的通信速率与UWB相比却相差太大，UWB可以达到上千兆，是IEEE802.11a的几十倍；超过这个距离范围（即大于10M），由于UWB发射功率受限，UWB就性能而言就差很多（目前从演示的产品来看，UWB的有效距离已扩展到20M左右）。因此，从总体来看，10M以内，802.11a无法与UWB相比；但是在10M以外，UWB无法与802.11a相比。另外与UWB相比，802.11a的功耗相当大。

蓝牙技术是爱立信、IBM 等 5 家公司在 1998 年联合推出的一项无线网络技术。随后成立的蓝牙技术特殊兴趣组织（SIG）来负责该技术的开发和技术协议的制定，如今全世界已有 1800 多家公司加盟该组织。蓝牙的传输距离为 10cm ~ 10m。它采用 2.4GHzISM 频段和调频、跳频技术，速率为 1Mbps。从技术参数上来看，UWB 的优越性是比较明显的，有效距离差不多，功耗也差不多，但 UWB 的速度却快得多，是蓝牙速度的几百倍。从目前的情况来看，蓝牙唯一比 UWB 优越的地方就是蓝牙的技术已经比较成熟，但是随着 UWB 的发展，这种优势就不会再是优势，因此有人在 UWB 刚出现时，把它看成蓝芽的杀手，不是没有道理的。

HomeRF 是专门针对家庭住宅环境而开发出来的无线网络技术，借用了 802.11 规范中支持 TCP/IP 传输的协议；而其语音传输性能则来自 DECT（无绳电话）标准。HomeRF 定义的工作频段为 2.4GHz，这是不需许可证的公用无线频段。HomeRF 使用了跳频空中接口，每秒跳频 50 次，即每秒钟信道改换 50 次。收发信机最大功率为 100mW，有效范围约 50m，其速率为 1 ~ 2Mbps。写 UWB 相比，各有优势：HomeRF 的传输距离远，但速率太低；UWB 传输距离只有 HomeRF 的五分之一，但速度却是 HomeRF 的几百倍甚至上千倍。

总而言之，这些流行的短距离无线通信标准各有千秋，这些技术之间存在着相互竞争，但在某些实际应用领域内它们又相互补充。单纯地说“UWB 或将取代某种技术”这是一种不负责任的说法，就好像飞机又快又稳，也没有取代自行车一样，各有各的应用领域。

UWB 技术多年来一直是美国军方使用的作战技术之一，但由于 UWB 具有巨大的数据传输速率优势，同时受发射功率的限制，在短距离范围内提供高速无线数据传输将是 UWB 的重要应用领域，如当前 WLAN 和 WPAN 的各种应用。此外，通过降低数据率提高应用范围，具有对信道衰落不敏感、发射信号功率谱密度低、安全性高、系统复杂度低，能提供数厘米的定位精度等优点；UWB 也适用于短距离数字化的音视频无线链接、短距离宽带高速无线接入等相关民用领域。总的说来，UWB 的用途很多，主要分为军用和民用两个方面。

在军用方面，主要用于如下领域如 UWB 雷达、UWBLPI/D 无线内通系统（预警机、舰船等）、战术手持和网络的 PLI/D 电台、警戒雷达、UAV/UGV 数据链、探测地雷、检测地下埋藏的军事目标或以叶簇伪装的物体；在民用方面，自 2002 年 2 月 14 日 FCC 批准将 UWB 用于民用产品以来，UWB 的民用主要包括以下 3 个方面：地质勘探及可穿透障碍物的传感器（imagingsystem）；汽车防冲撞传感器等（vehicleradarsystem）；家电设备及便携设备之间的无线数据通信（communicationandm easurementssystem)。下面对两个重要应用展开论述。

UWB 技术介于雷达和通信之间的一个重要应用是进行精确的地理定位，如使用 UWB 技术的能够提供三维地理定位信息的设备。该系统由无线 UWB 塔标和无线 UWB 移动漫游器组成。其基本原理是通过无线 UWB 漫游器和无线 UWB 塔标间的突发传送而完成航程时间测量，再经往返（或循环）时间的测量值的对比和分析，得到目标的精确定位。此系统使用的是 2.5ns 宽的 UWB 脉冲信号，其峰值功率为 4W，工作频带范围为 1.3 ~ 1.7GHz，相对带宽为 27%，符合 FCC 对 UWB 信号的定义。如果使用小型全向垂直极化天线或小型圆极化天线，其视距通信范围可超过 2km。在建筑物内部，由于墙壁和障碍物对信号的衰减作用，系统通信距离被限制在约 100m 以内。UWB 地理定位系统最初的开发和应用是在军事领域，其目的是战士在城市环境条件下能够以 0.3m 的分辨率来测定自身所在的位置。目前其主要商业用途之一为路旁信息服务系统。它能够提供突发且高达 100Mbps 的信息服务，其信息内容包括路况信息、建筑物信息、天气预报和行驶建议，还可以用作紧急援助事件的通信。

UWB 第二个重要应用领域是家庭数字娱乐中心。在过去几年里，家庭电子消费产品层出不穷。PC、DVD、DVR、数码相机、数码摄像机、HDTV、PDA、数字机顶盒、MD、MP3、智能家电等出现在普通家庭里，正是“旧时王榭堂前燕，飞入平常百姓家”。家庭数字娱乐中心的概念是：将来你的住宅中的 PC、娱乐设备、智能家电和 Internet 都连接在一起，你可以在任何地方使用它们。举例来说，你储存的视频数据可以在 PC、DVD、TV、PDA 等设备上共享观看，可以自由地同 Internet 交互信息，你可以遥控你的 PC，让它控制你的信息家电，让它们有条不紊地工作，你也可以通过 Internet 联机，用无线手柄结合音、像设备营造出逼真的虚拟游戏空间。如何把这些相互独立的信息产品有机地结合起来，这是建立家庭数字娱乐中心的一个关键技术问题。从前面对 UWB 的技术特点来看，UWB 技术无疑是一个很好的选择。

如前所述，UWB 系统在很低的功率谱密度的情况下，已经证实能够在户内提供超过 480Mbps 的可靠数据传输。与当前流行的短距离无线通信技术相比，UWB 具有巨大的数据传输速率优势，最大可以提供高达 1000Mbps 以上的传输速率。UWB 技术在无线通信方面的创新性、利益性已引起了全球业界的关注。与蓝牙、802111b、802115 等无线通信相比，UWB 可以提供更快、更远、更宽的传输速率，越来越多的研究者投入 UWB 领域，有的单纯开发 UWB 技术，有的开发 UWB 应用，有的兼而有之。相信 UWB 技术，不仅为低端用户所喜爱，且在一些高端技术领域，在军事需求和商业市场的推动下，UWB 技术将会进一步发展和成熟起来。

第五章　无线通信信号处理

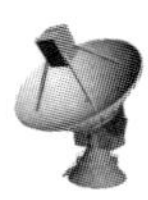

一、信号处理简述

信号处理（signalprocessing）对各种类型的电信号，按各种预期的目的及要求进行加工过程的统称。对模拟信号的处理称为模拟信号处理，对数字信号的处理称为数字信号处理。所谓“信号处理”，就是要把记录在某种媒体上的信号进行处理，以便抽取出有用信息的过程，它是对信号进行提取、变换、分析、综合等处理过程的统称。

人们为了利用信号,就要对它进行处理。例如,电信号弱小时,需要对它进行放大；混有噪声时，需要对它进行滤波；当频率不适应于传输时，需要进行调制以及解调；当信号遇到失真畸变时，需要对它均衡；当信号类型很多时，需要进行识别；等等。

与信号有关的理化或数学过程有：信号的发生、信号的传送、信号的接收、信号的分析（即了解某种信号的特征）、信号的处理（即把某一个信号变为与其相关的另一个信号，如滤除噪声或干扰，把信号变换成容易分析与识别的形式）、信号的存储、信号的检测与控制等。也可以把这些与信号有关的过程统称为信号处理。

在事件变化过程中抽取特征信号，经去干扰、分析、综合、变换和运算等处理，从而得到反映事件变化本质或处理者感兴趣的的信息的过程。信号处理有分模拟信号处理和数字信号处理两类。

信号处理的目的是：削弱信号中的多余内容；滤出混杂的噪声和干扰；或者将信号变换成容易处理、传输、分析与识别的形式，以便进行后续的其他处理。

人们最早处理的信号局限于模拟信号，所使用的处理方法也是模拟信号处理方法。在用模拟加工方法进行处理时，对“信号处理”技术没有太深刻的认识。这是因为在过去，信号处理和信息抽取是一个整体，所以从物理制约角度看，满足信息抽取的模拟处理受到了很大的限制。

随着数字计算机的飞速发展，信号处理的理论和方法也得以发展。在我们的面前出现了不受物理制约的纯数学的加工，即算法，并确立了信号处理的领域。现在，对于信号的处理，人们通常是先把模拟信号变成数字信号，然后利用高效的数字信号处理器（DSP:DigitalSignalProcessor）或计算机对其进行数字信号处理。

那么，如何进行数字信号处理呢？一般来讲，数字信号处理涉及三个步骤：模数转换（A/D 转换）：把模拟信号变成数字信号，是一个对自变量和幅值同时进行离散化的过程，基本的理论保证是采样定理。数字信号处理（DSP）：包括变换域分析（如频域变换）、数字滤波、识别、合成等。数模转换（D/A 转换）：把经过处理的数字信号还原为模拟信号。通常，这一步并不是必须的。

作为 DSP 的成功例子有很多，如医用 CT 断层成像扫描仪的发明。它是利用生物体的各个部位对 X 射线吸收率不同的现象，并利用各个方向扫描的投影数据再构造出检测体剖面图的仪器。这种仪器中 FFT（快速傅里叶变换）起到了快速计算的作用。以后相继研制出的还有：采用正电子的 CT 机和基于核磁共振的 CT 机等仪器，它们为医学领域作出了很大的贡献。

信号处理最基本的内容有变换、滤波、调制、解调、检测以及谱分析和估计等。变换类型有傅里叶变换、正弦变换、余弦变换、沃尔什变换等；滤波包括高通滤波、低通滤波、带通滤波、维纳滤波、卡尔曼滤波、线性滤波、非线性滤波以及自适应滤波等；谱分析方面包括确知信号的分析和随机信号的分析，通常研究最普遍的是随机信号的分析，也称统计信号分析或估计，它通常又分线性谱估计与非线性谱估计；谱估计有周期图估计、最大熵谱估计等；随着信号类型的复杂化，在要求分析的信号不能满足高斯分布、非最小相位等条件时，又有高阶谱分析的方法。高阶谱分析可以提供信号的相位信息、非高斯类信息以及非线性信息；自适应滤波与均衡也是应用研究的一大领域。自适应滤波包括横向 LMS 自适应滤波、格型自适应滤波、自适应对消滤波以及自适应均衡等。此外，对于阵列信号还有阵列信号处理等。

信号处理是电信的基础理论与技术。它的数学理论有方程论、函数论、数论、随机过程论、最小二乘方法以及最优化理论等，它的技术支柱是电路分析、合成以及电子计算机技术。信号处理与当代模式识别、人工智能、神经网计算以及多媒体信息处理等有着密切的关系，它把基础理论与工程应用紧密联系起来。因此，信号处理是一门既有复杂数理分析背景，又有广阔实用工程前景的学科。

信号处理是以数字信号处理为中心而发展的。这是因为信号普遍可以用数字化形式来表示，而数字化的信号可以在电子计算机上通过软件来实现计算或处理，这样，无论多么复杂的运算，只要数学上能够分析、可以得到最优的求解，就都可以在电子计算机上模拟完成。如果计算速度适当快，还可以用超大规模的专用数字信号处理芯片来实时完成。因此，数字信号处理技术成为信息技术发展中最富有活力的学科之一。

数字信号处理是 20 世纪 60 年代才开始发展起来的，开始是贝尔实验室及麻省理工学院用电子计算机对电路与滤波器设计进行仿真，奠定了数字滤波器的发展基

础。60年代中期，发明了快速傅里叶变换，使频谱分析的傅里叶分析的计算速度提高了百倍以上，从而达到了可以利用电子计算机进行谱分析的目的，奠定了信号与系统分析的实用基础，形成了以数字滤波及快速傅里叶变换为中心内容的数字信号处理的基本方法与概念。70年代开始，数字信号处理这个专用名词在科技领域问世。

信号处理以强大的渗透力，被许多重要的应用领域所采用。工程建筑部门用来仿真大型建筑结构的抗震、防震性能；机械制造业用以分析机械结构振动的模型，从而改进振动性能及结构；飞机制造业中用于检查发动机的传动特性及磨损情况；航天遥感用以地面植被情况的分类以及气象云层的分布，医学领域用于B超、X光片以及生理电信号的分析诊断；电信与电子学领域，数字信号处理更是最直接的应用。

在电信领域中，数字信号处理最典型的运用有：语音编码与压缩。语音数字化后占有很宽的频带，为进行窄带传输与高效存储，需要进行压缩。通常一个语音需要64kbit/s码率。中速编码要求将此码率压缩到32kbit/s、16kbit/s以至8kbit/s，仍然保持良好的语音音质。通过数字信号处理技术，已有许多自适应编码方案达到了国际电报电话咨询委员会（CCITT）建议的规定。低速编码要求码率降低到4.8kbit/s、2.4kbit/s以至800bit/s速率，已有很好的算法及硬件予以实现。

图像编码压缩：无论静止图像或活动图像，乃至电视图像，数字编码后的数据量都非常大。对它们进行高质量传输，一般需要压缩到1/10 ~ 1/100。各种编码方法，以致所谓小波变换方法、分维信号分析方法都为高压缩比电视编码提出了可行的方案。

分路与合路滤波器组的设计：时分/频分复接设备的技术实现，其核心是分路滤波器组。而分路滤波器组的设计与实现完全靠数字信号处理中的数字滤波器组，这种数字滤波器组不但性能统一化、稳定可靠，而且性能价格比很高。

自适应均衡及回波抵消：在远距离数据通信中，均衡和回波抵消是必不可少的。采用模拟器件已无法实现适应于各种信道要求的均衡，只有数字方法才能保证其性能的实现。

信号处理技术的应用已发展到不次于电子计算机应用的广泛程度。随着算法的不断发现和器件的不断诞生，信号处理将成为所有电信工程师都需要熟悉的一门基础性学科。

二、语音编码与压缩

语音编码就是对模拟的语音信号进行编码。语音编码的基本方法可分为波形编码、参量编码（音源编码）和混合编码。

就是将模拟信号转化成数字信号，从而降低传输码率并进行数字传输，语音编码的基本方法可分为波形编码和参量编码，波形编码是将时域的模拟话音的波形信号经过取样、量化、编码而形成的数字话音信号，参量编码是基于人类语言的发音机理，找出表征语音的特征参量，对特征参量进行编码。

语音编码就是对模拟的语音信号进行编码，将模拟信号转化成数字信号，从而降低传输码率并进行数字传输，语音编码的基本方法可分为波形编码、参量编码（音源编码）和混合编码，波形编码是将时域的模拟话音的波形信号经过取样、量化、编码而形成的数字话音信号，参量编码是基于人类语言的发音机理，找出表征语音的特征参量，对特征参量进行编码，混合编译码是结合波形编译码和参量编译码之间的优点。波形编译码器虽然可提供高话音的质量，但数据率低于 16kb/s 的情况下，在技术上还没有解决音质的问题。

基本原理是在时间轴上对模拟话音信号按照一定的速率来抽样，然后将幅度样本分层量化，并使用代码来表示。在接收端将收到的数字序列经过解码恢复到原模拟信号，保持原始语音的波形形状。话音质量高，编码速率高，如 PCM 编码类（a 率或 u 率 PCM、ADPCM、ADM），编码速率为 64 ~ 16kb/s，语音质量好。

波形编码的目的在于尽可能精确地再现原来的语音波形，并以波形的保真度即自然度为其质量的主要度量指标，但波形编码所需的码速率较高。

根据语音信号产生的数学模型，通过对语音信号特征参数的提取后进行编码（将特征参数变换成数字代码进行传输）。在接收端将特征参数，结合数学模型，恢复语音，力图使重建语音保持尽可能高的可懂度，重建语音信号的波形同原始语音信号的波形相比可能会有相当大的区别。例如线性预测（LPC）编码类，编码速率低，2.4 ~ 1.2kb/s，自然度低，对环境噪声敏感。这种语音编码的主要质量指标是可懂度，参量编码可以将语音编码以后的速率压得很低。

将波形编码与参数编码相结合，在 2.4 ~ 1.2kb/s 速率上能够得到高质量的合成语音。混合编码把波形编码的高质量和参量编码的高效性融为一体，在参量编码的基础上附加一定的波形编码特征，实现在可懂度的基础上适当地改善自然度的目的。

用于移动通信中的语音编码一般都是混合编码。选择混合编码时，要使比特率、质量、复杂度和处理时延这 4 个参量及其关系达到综合最佳化。

语音中最基本的元素是音素，大约有 128 ~ 256 个，如果按通常的说话速度，每秒平均发出 10 个音素，则信息率为：I=[log2（256）10]bps=80bps，把发音看成以语音速率来传送，则语音编码的极限速率为 80bps, 从数字化标准的编码速率 64kbps 到极限速率 80bps 之间的距离，对于理论研究和实践有着极大的吸引力。

三、图像编码压缩

在满足一定保真度的要求下，对图像数据进行变换、编码和压缩，去除多余数据减少表示数字图像时需要的数据量，以便于图像的存储和传输。即以较少的数据量有损或无损地表示原来的像素矩阵的技术，也称图像编码。

图像压缩编码可分为两类：一类压缩是可逆的，即从压缩后的数据可以完全恢复原来的图像，信息没有损失，称为无损压缩编码；另一类压缩是不可逆的，即从压缩后的数据无法完全恢复原来的图像，信息有一定损失，称为有损压缩编码。

BMP 是一种与硬件设备无关的图像文件格式，使用非常广。它采用位映射存储格式，除了图像深度可选以外，不采用其他任何压缩，因此 BMP 文件所占用的空间很大。BMP 文件的图像深度可选 lbit、4bit、8bit 及 24bit。BMP 文件存储数据时，图像的扫描方式是按从左到右、从下到上的顺序。由于 BMP 文件格式是 Windows 环境中交换与图有关的数据的一种标准，因此在 Windows 环境中运行的图形图像软件都支持 BMP 图像格式。典型的 BMP 图像文件由三部分组成：位图文件头数据结构，它包含 BMP 图像文件的类型、显示内容等信息；位图信息数据结构，它包含有 BMP 图像的宽、高、压缩方法，以及定义颜色等信息。

PCX 这种图像文件的形成是有一个发展过程的。最先的 PCX 雏形是出现在 ZSOFT 公司推出的名叫 PCPAINBRUSH 的用于绘画的商业软件包中。以后，微软公司将其移植到 Windows 环境中，成为 Windows 系统中一个子功能。先在微软的 Windows3. 1 中广泛应用，随着 Windows 的流行、升级，加之其强大的图像处理能力，使 PCX 同 GIF、TIFF、BMP 图像文件格式一起，被越来越多的图形图像软件工具所支持，也越来越得到人们的重视。PCX 是最早支持彩色图像的一种文件格式，现在最高可以支持 256 种彩色，显示 256 色的彩色图像。PCX 设计者很有眼光地超前引入了彩色图像文件格式，使之成为现在非常流行的图像文件格式。PCX 图像文件由文件头和实际图像数据构成。文件头由 128 字节组成，描述版本信息和图像显示设备的横向、纵向分辨率，以及调色板等信息，在实际图像数据中，表示图像数据类型和彩色类型。PCX 图像文件中的数据都是用 PCXREL 技术压缩后的图像数据。PCX 是 PC 机画笔的图像文件格式。PCX 的图像深度可选为 1bit、4bit、8bit。由于这种文件格式出现较早，它不支持真彩色。PCX 文件采用 RLE 行程编码，文件体中存放的是压缩后的图像数据。因此，将采集到的图像数据写成 PCX 文件格式时，要对其进行 RLE 编码；而读取一个 PCX 文件时首先要对其进行 RLE 解码，才能进一步显示和处理。

TIFF（TagImageFileFormat）图像文件是由 Aldus 和 Microsoft 公司为桌上出版系统研制开发的一种较为通用的图像文件格式。TIFF 格式灵活易变，它又定义了四类不同的格式：TIFF-B 适用于二值图像；TIFF-G 适用于黑白灰度图像；TIFF-P 适用于带调色板的彩色图像；TIFF-R 适用于 RGB 真彩图像。TIFF 支持多种编码方法，其中包括 RGB 无压缩、RLE 压缩及 JPEG 压缩等。TIFF 是现存图像文件格式中最复杂的一种，它具有扩展性、方便性、可改性，可以提供给 IBMPC 等环境中运行、图像编辑程序。TIFF 图像文件由三个数据结构组成，分别为文件头、一个或多个称为 IFD 的包含标记指针的目录以及数据本身。TIFF 图像文件中的第一个数据结构称为图像文件头或 IFH。这个结构是一个 TIFF 文件中唯一的、有固定位置的部分；IFD 图像文件目录是一个字节长度可变的信息块，Tag 标记是 TIFF 文件的核心部分，在图像文件目录中定义了要用的所有图像参数，目录中的每一目录条目就包含图像的一个参数。

GIF（GraphicsInterchangeFormat）的原义是“图像互换格式”，是 CompuServe 公司在 1987 年开发的图像文件格式。GIF 文件的数据，是一种基于 LZW 算法的连续色调的无损压缩格式。其压缩率一般在 50% 左右，它不属于任何应用程序。目前几乎所有相关软件都支持它，公共领域有大量的软件在使用 GIF 图像文件。GIF 图像文件的数据是经过压缩的，而且是采用了可变长度等压缩算法。所以 GIF 的图像深度从 1bit 到 8bit，也即 GIF 最多支持 256 种色彩的图像。GIF 格式的另一个特点是其在一个 GIF 文件中可以存多幅彩色图像，如果把存于一个文件中的多幅图像数据逐幅读出并显示到屏幕上，就可构成一种最简单的动画。GIF 解码较快，因为采用隔行存放的 GIF 图像，在边解码边显示的时候可分成四遍扫描。第一遍扫描虽然只显示了整个图像的八分之一，第二遍扫描后也只显示了 1/4，但这已经把整幅图像的概貌显示出来了。在显示 GIF 图像时，隔行存放的图像会给您感觉到它的显示速度似乎要比其他图像快一些，这是隔行存放的优点。

JPEG 是 JointPhotographicExpertsGroup（联合图像专家组）的缩写，文件后辍名为“jpg”或“jpeg”，是最常用的图像文件格式，由一个软件开发联合会组织制定，

是一种有损压缩格式，能够将图像压缩在很小的储存空间，图像中重复或不重要的资料会被丢失，因此容易造成图像数据的损伤。尤其是使用过高的压缩比例，将使最终解压缩后恢复的图像质量明显降低，如果追求高品质图像，不宜采用过高压缩比例。但是 JPEG 压缩技术十分先进，它用有损压缩方式去除冗余的图像数据，在获得极高的压缩率的同时能展现十分丰富生动的图像，换句话说，就是可以用最少的磁盘空间得到较好的图像品质。而且 JPEG 是一种很灵活的格式，具有调节图像质量的功能，允许用不同的压缩比例对文件进行压缩，支持多种压缩级别，压缩比例通常在 10 ： 1 到 40 ： 1，压缩比率越大，品质就越低；相反地，压缩比率越小，品质就越好。比如，可以把 1.37Mb 的 BMP 位图文件压缩至 20.3KB。当然也可以在图像质量和文件尺寸之间找到平衡点。JPEG 格式压缩的主要是高频信息，对色彩的信息保留较好，适合应用于互联网，可减少图像的传输时间，可以支持 24bit 真彩色，也普遍应用于需要连续色调的图像。JPEG 格式是目前网络上最流行的图像格式，是可以把文件压缩到最小的格式，在 Photoshop 软件中以 JPEG 格式储存时，提供 11 级压缩级别，以 0 ～ 10 级表示。其中 0 级压缩比最高，图像品质最差。即使采用细节几乎无损的 10 级质量保存时，压缩比也可达 5 ： 1。以 BMP 格式保存时得到 4.28MB 图像文件，在采用 JPG 格式保存时，其文件仅为 178KB，压缩比达到 24 ： 1。经过多次比较，采用第 8 级压缩为存储空间与图像质量兼得的最佳比例。JPEG 格式的应用非常广泛，特别是在网络和光盘读物上，都能找到它的身影。目前各类浏览器均支持 JPEG 这种图像格式，因为 JPEG 格式的文件尺寸较小，下载速度快。JPEG2000 作为 JPEG 的升级版，其压缩率比 JPEG 高约 30%，同时支持有损和无损压缩。JPEG2000 格式有一个极其重要的特征在于它能实现渐进传输，即先传输图像的轮廓，然后逐步传输数据，不断提高图像质量，让图像由朦胧到清晰显示。此外，JPEG2000 还支持所谓的“感兴趣区域”特性，可以任意指定影像上感兴趣区域的压缩质量，还可以选择指定的部分先解压缩。JPEG2000 和 JPEG 相比优势明显，且向下兼容,因此可取代传统的 JPEG 格式。JPEG2000 即可应用于传统的 JPEG 市场，如扫描仪、数码相机等，又可应用于新兴领域，如网路传输、无线通信等。

TGA 格式（TaggedGraphics）是由美国 Truevision 公司为其显示卡开发的一种图像文件格式，文件后缀为“tga”，已被国际上的图形、图像工业所接受。TGA 的结构比较简单，属于一种图形、图像数据的通用格式，在多媒体领域有很大影响，是计算机生成图像向电视转换的一种首选格式。TGA 图像格式最大的特点是可以做出不规则形状的图形、图像文件，一般图形、图像文件都为四方形，若需要有圆形、菱形甚至是缕空的图像文件时，TGA 可就派上用场了 !TGA 格式支持压缩，使用不失真的压缩算法。

EXIF 的格式是 1994 年富士公司提倡的数码相机图像文件格式，其实与 JPEG 格式相同，区别是除保存图像数据外，还能够存储摄影日期、使用光圈、快门、闪光灯数据等曝光资料和附带信息以及小尺寸图像。

FPX 图像文件格式（扩展名为 fpx）是由柯达、微软、HP 及 LivePictureInc 联合研制，并于 1996 年 6 月正式发表，FPX 是一个拥有多重分辨率的影像格式，即影像被储存成一系列高低不同的分辨率，这种格式的好处是当影像被放大时仍可维持影像的质素，另外，当修饰 FPX 影像时，只会处理被修饰的部分，不会把整幅影像一并处理，从而减小处理器及记忆体的负担，使影像处理时间减少。

SVG 是可缩放的矢量图形格式。它是一种开放标准的矢量图形语言，可任意放大图形显示，边缘异常清晰，文字在 SVG 图像中保留可编辑和可搜寻的状态，没有字体的限制，生成的文件很小，下载很快，十分适合用于设计高分辨率的 Web 图形页面。

这是 Photoshop 图像处理软件的专用文件格式，文件扩展名是“psd”，可以支持图层、通道、蒙板和不同色彩模式的各种图像特征，是一种非压缩的原始文件保存格式。扫描仪不能直接生成该种格式的文件。PSD 文件有时容量会很大，但由于可以保留所有原始信息，在图像处理中对于尚未制作完成的图像，选用 PSD 格式保存是最佳的选择。

CDR 格式是著名绘图软件 CorelDRAW 的专用图形文件格式。由于 CorelDRAW 是矢量图形绘制软件，所以 CDR 可以记录文件的属性、位置和分页等。但它在兼容度上比较差，在所有 CorelDraw 应用程序中均能够使用，但其他图像编辑软件打不开此类文件。

PCD 是 KodakPhotoCD 的缩写，文件扩展名是“pod”，是 Kodak 开发的一种 PhotoCD 文件格式，其他软件系统只能对其进行读取。该格式使用 YCC 色彩模式定义图像中的色彩。YCC 和 CIE 色彩空间包含比显示器和打印设备的 RGB 色和 CMYK 色多得多的色彩。PhotoCD 图像大多具有非常高的质量。

DXF 是 DrawingExchangeFormat 的缩写，扩展名是“dxf”，是 AutoCAD 中的图形文件格式，它以 ASCII 方式储存图形，在表现图形的大小方面十分精确，可被 CorelDraw 和 3DS 等大型软件调用编辑。

它是著名图像编辑软件 UleadPhotolmapct 的专用图像格式，能够完整地记录所有 Photolmapct 处理过的图像属性。值得一提的是，UFO 文件以对象来代替图层记录图像信息。

EPS 是 EncapsulatedPostScript 的缩写，是跨平台的标准格式，扩展名在 PC 平台上是“eps”，在 Macintosh 平台上是“epsf”，主要用于矢量图像和光栅图像的存储。EPS 格式采用 PostScript 语言进行描述，并且可以保存其他一些类型信息，如多色调曲线、Alpha 通道、分色、剪辑路径、挂网信息和色调曲线等，因此 EPS 格式常用于印刷或打印输出。Photoshop 中的多个 EPS 格式选项可以实现印刷打印的综合控制，在某些情况下甚至优于 TIFF 格式。

PNG（PortableNetworfGraphics）的原名称为“可移植性网络图像”，是网上接受的最新图像文件格式。PNG 能够提供长度比 GIF 小 30% 的无损压缩图像文件。它同时提供 24 位和 48 位真彩色图像支持以及其他诸多技术性支持。由于 PNG 非常新，所以目前并不是所有的程序都可以用它来存储图像文件，但 Photoshop 可以处理 PNG 图像文件，也可以用 PNG 图像文件格式存储。

四、光分路与合路滤波器组的设计

在无线手机通信系统中合路器的主要作用是将输入的多频段信号组合在一起再输出路到同一套室内分布系统中。

在工程应用中，需要将 800MHZ 的 C 网、900MHz 的 G 网或是其他不同的频率同时输出，采用合路器，可使一套室内分布系统同时工作于 CDMA 频段、GSM 频段或是其他频段。例如在无线电天线系统中，将几种不同频段的（如 145MHZ 与 435MHZ）输入输出信号通过合路器合路后，用一根馈线与电台连接，这不仅节约了一根馈线，还避免了切换不同天线的麻烦。

泾水和渭水在西安市高陵县相汇，在泾水、渭水汇合处，清水浊水同流一河、清浊分明，分界清楚而互不相融。在重庆朝天门码头可以看到嘉陵江汇入长江，也有类似的现象。

合路器一般用于发射端，其作用是将两路或者多路从不同发射机发出的射频信号合为一路送到天线发射的射频器件，同时避免各个端口信号之间的相互影响。合路器一般有两个或多个输入端口，只有一个输出端口。端口隔离度是一个比较重要的指标，用于描述两路信号互不影响的能力，一般要求在 20dB 以上。

3dB 桥合路器有两个输入端口、两个输出端口，常用来将两个无线载频合成后馈入天线或分布系统。如果只用一个输出口，另一个输出口需接 50W 的负荷，此时信号合路后有 3dB 损耗。有时两个输出端口都要用到，这时就不需要负荷，也无

3dB 损耗。

将合路器的作用是将信号手机的收信和发信组合到一根天线上。在 GSM 系统中，由于收发不在同一时隙，因此手机可以省去用于隔离收发的双工器，而只需使用简单的收发合路器就可以将发信、收信信号组合到一根天线上而不会互相干扰。

对接收电路，天线将信号接收下来，通过合路器进入接收通道，与接收本振信号（即频率合成器产生的接收 VCO 信号）混频，将高频信号变成中频信号，再进行信号的正交解调，产生接收 I、Q 信号；然后再进行 GMSK（高斯滤波最小频移键控）解调，把模拟信号转变为数字信号，之后送入基带处理单元。

对发射电路，由基带部分送来 TDMA 帧数据流（速率为 270.833kbit/s）进行 GSMK 调制形成发射 I、Q 信号，再送到发信上变频器调制到发射频段，通过功率放大后经合路器由天线发射出去。

频率合成器为发射和接收单元提供变频所必需的本振信号，采用锁相环技术来稳定频率，它从时钟基准电路获得频率基准。时钟基准电路一般为 13MHz 时钟，一方面为频率合成电路提供时钟基准，另一方面给逻辑电路提供工作时钟。

合路器主要用作将多系统信号合路到一套室内分布系统。例如在工程应用中，需要将 800MHZ 的 C 网和 900MHz 的 G 网两种频率合路输出。采用合路器，可使一套室内分布系统同时工作于 CDMA 频段和 GSM 频段。又如，在无线电天线系统中，将几种不同频段的（如 145MHZ 与 435MHZ）输入输出信号通过合路器合路后，用一根馈线与电台连接，这不仅节约了一根馈线，还避免了切换不同天线的麻烦

另外在合路器应用中需要说明的是，基站或直放站信号馈入方式为无线，其信源为宽频谱的，因此在某些场合要求窄通带，以保证信号的纯净；合路器的信号馈入方式为电缆，信号直接取自信源，其信源为窄频谱信号。例如，合路器 JCDUP-8026B 的 CDMA/GSM 通道，通道宽度为 800 ~ 960MHz，当接入一个 GSM 载频信号时，因为信源是一个载频信号，馈入方式为电缆，通道中只存在该载频信号，没有别的干扰信号。因此，合路器的宽通道设计在实际应用中是可行的。

光分路器作用是把主干光缆通过分光器分成若干用光纤连接到路游设备再传送给用户单位。它们之间是相辅相成的。光分路器又称分光器，是光纤链路中重要的无源器件之一，是具有多个输入端和多个输出端的光纤汇接器件。

光分路器按分光原理可以分为熔融拉锥型和平面波导型两种，熔融拉锥法就是将两根（或两根以上）除去涂覆层的光纤以一定的方法靠扰，在高温加热下熔融，同时向两侧拉伸，最终在加热区形成双锥体形式的特殊波导结构，通过控制光纤扭转的角度和拉伸的长度，可得到不同的分光比例。最后把拉锥区用固化胶固化在石

英基片上插入不锈铜管内，这就是光分路器。这种生产工艺因固化胶的热膨胀系数与石英基片、不锈钢管的不一致，在环境温度变化时热胀冷缩的程度也不一致，此种情况容易导致光分路器损坏，尤其把光分路放在野外的情况更甚，这也是光分路容易损坏的最主要原因。对于更多路数的分路器生产可以用多个二分路器组成。

第六章　模拟信号和模拟信号处理

一、模拟信号

模拟信号是指信息参数在给定范围内表现为连续的信号，或在一段连续的时间间隔内，其代表信息的特征量可以在任意瞬间呈现为任意数值的信号。

模拟信号（英语：analogsignal）是指在时域上数学形式为连续函数的信号。与模拟信号对应的是数字信号，后者采取分立的逻辑值，而前者可以取得连续值。模拟信号的概念常常在涉及电的领域中被使用，不过经典力学、气动力学（pneumatic）、水力学等学科有时也会使用模拟信号的概念。

模拟信号利用对象的一些物理属性来表达、传递信息。例如，非液体气压表利用指针螺旋位置来表达压强信息。在电学中，电压是模拟信号最普遍的物理媒介，除此之外，频率、电流和电荷也可以被用来表达模拟信号。

任何的信息都可以用模拟信号来表达。这里的信号常常指物理现象中被测量对变化的响应，如声音、光、温度、位移、压强，这些物理量可以使用传感器测量。在模拟信号中，不同的时间点位置的信号值可以是连续变化的；而对于数字信号，不同时间点的信号值总是处于预先设定的离散点，因此如果物理量的真实值不能在这些预设值中被找到，那么这时数字信号就与真实值存在一定的偏差。

这里的模拟信号是指电压和电流信号，对模拟信号的处理技术主要包括模拟量的选通、模拟量的放大、信号滤波、电流电压的转换、V/F 转换、A/D 转换等。

单片机测控系统有时需要进行多路和多参数的采集和控制，如果每一路都单独采用各自的输入回路，即每一路都采用放大、滤波、采样 / 保持，A/D 等环节，不仅成本比单路成倍增加，而且会导致系统体积庞大，且由于模拟器件、阻容元件参数特性不一致，给对系统的校准带来很大困难；并且对于多路巡检如 128 路信号采集情况，每路单独采用一个回路几乎是不可能的。因此，除特殊情况下采用多路独立的放大、A/D 外，通常采用公共的采样 / 保持及 A/D 转换电路（有时甚至可将某些放大电路共用），利用多路模拟开关，可以方便实现共用。

在选择多路模拟开关时，需要考虑以下几点：通道数量对切换开关传输被测信号的精度和切换速度有直接的影响，因为通道数目越多，寄生电容和泄漏电流通常也越大。平常使用的模拟开关，在选通其中一路时，其他各路并没有真正断开，只是处于高阻状态，仍存在漏电流，对导通的信号产生影响；通道越多，漏电流越大，通道间的干扰也越多。

在设计电路时，泄漏电流越小越好。采集过程中，信号本身就非常微弱，如果信号源内阻很大，泄漏电流对精度的影响会非常大。在选择模拟开关时，要综合考虑每路信号的采样速率、A/D 的转换速率，因为它们决定了对模拟开关切换速度的要求。

理想状态的多路开关其导通电阻为零，断开电阻为无穷大，而实际的模拟开关无法到这个要求，因此需考虑其开关电阻，尤其当与开关串联的负载为低阻抗时，应选择导通电阻足够低的多路开关。常用的模拟开关有 DIP 和 SO 两种封装，可以根据实际需要选择。

从传感器或其他接收设备获得的电信号，由于传输过程中的各种噪声干扰，工作现场的电磁干扰，前段电路本身的影响，往往会有多种频率成分的噪声信号，在严重情况下，这种噪声信号甚至会淹没有效输入信号，致使测试无法正常进行。为了减少噪声信号对测控过程的影响，需采取滤波措施，滤除干扰噪声，提高系统的信噪比（S/N）。

过去常用模拟滤波电路实现滤波，模拟滤波的技术较为成熟。模拟滤波可分为有源滤波和无源滤波。设计有源滤波器，首先根据所要求的幅频特性，寻找可实现的有理函数进行逼近设计。常用的逼近函数有：波待瓦兹（Butterworth）函数、切比雪夫（Chebyshev）函数，贝塞尔（Besel）函数等，然后计算电路参数，完成设计。

但是模拟滤波电路复杂，不仅增加了设计成本，而且还增加系统的功耗，降低了系统可靠性。随着电子技术的发展，现在很多的场合都应用数字滤波技术。数字滤波技术发展非常迅速，现在的手机、PDA 等智能设备，大多采用数字滤波技术。它作为软件无线电的一个处理单元，有非常广阔的发展前景。但是，单片机的处理能力有限，只能完成比较简单的数字滤波。

在单片机系统中，首先在设计硬件时对信号采取抗干扰措施，其次在设计软件时，对采集到的数据进行消除干扰的处理，以进一步消除附加在数据中的各式各样的干扰，使采集到的数据能够真实地反映现场的情况。下面介绍的几种工控中常用的数字滤波技术。

从工业现场采集到的信号往往会在一定的范围内不断波动，或者说有频率较高、能量不大的干扰叠加在信号上，这种情况往往出现在应用工控板卡的场合，此时采集到的数据有效值的最后一位不停地波动，难以稳定。这种情况可以采取死区处理，把波动的值进行死区处理，只有当变化超出某值时才认为该值发生了变化。比如，

编程时可以先对数据除以 10，然后取整，去掉波动项。

算术平均值法公式为 YK=（XK1+XK2+XK3+…+XKN）/N，在一个周期内的不同时间点取样，然后求其平均值，这种方法可以有效地消除周期性的干扰。同样，这种方法还可以推广成为连续几个周期进行平均。

中值滤波法这种方法的原理是将采集到的若干个周期的变量值进行排序，然后取排好顺序的值的中间值，这种方法可以有效地防止受到突发性脉冲干扰的数据进入。在实际使用时，排序的周期的数量要选择适当，如果选择过小，可能起不到去除干扰的作用，选择的数量过大，会造成采样数据的时延过大，造成系统性能变差。

中通滤波法公式为 YK=Q*XK+（1–Q）*YK–1，截止频率为 f=K/2πT。这种滤波方式相当于使采集到的数据通过一次低通滤波器。来自现场的信号往往是 4 ~ 20mA 信号，它的变化一般比较缓慢，而干扰一般带有突发性的特点，变化频率较高，而低通滤波器就可以滤除这种干扰，这就是低通滤波的原理。在实际使用时，可以根据信号的带宽，合理选择 Q 值。

滑动滤波法是由一阶低通滤波法推广而来的。现场信号一般都是平滑的，不会出现突变，如果接收到的信号有突变，那么很可能就是干扰。滑动滤波法就是基于这个原理，把所有的突变都视为干扰，并且通过平滑去掉干扰。应用这种方法，只能处理平滑信号，并且在不同的场合，数据处理过程也要作相应调整。滑动滤波法的公式是：Yn=Q1Xn+Q2Xn–1+Q3Xn–2，其中 Q1+Q2+Q3=1 且 Q1>Q2>Q3。

在实际使用时，常常需要结合多种方法，以提高其他滤波的效果。比如，在中值滤波法中，加入平均值滤波，借以提高滤波的性能。

电压信号可以经由 A/D 转换器件转换成数字信号然后采集，但是电流不能直接由 A/D 转换器转换。在应用中，先将电流转变成电压信号，然后进行转换。电流 / 电压转换在工业控制中应用非常广泛。

电流 / 电压转换最简单的方法是，在被测电路中串入精密电阻，通过直接采集电阻两端的电压来获得电流。A/D 器件只能转换一定范围的电压信号，所以在电流 / 电压转换过程中，需要选择合适阻值的精密电阻。如果电流的动态范围较多，还必须在后端加入放大器进行二次处理。经过多次处理，会损失测量的精度。

现在有很多电流 / 电压转换芯片，其响应时间、线性度、漂移等指标均很理想，且能适应大范围大电流的测量。

电压频率的转换频率接口有以下特点：（1）接口简单、占用硬件资源少。频率信号通过任一根 I/O 口线或作为中断源及计数时钟输入系统。（2）抗干扰性能好。V/F 转换本身是一个积分过程，且用 V/F 转换器实现 A/D 转换，就是频率计数过程，相当于在计数时间内对频率信号进行积分，因而有较强的抗干扰能力。另外可采用光电耦合连接 V/F 转换器与单片机之间的通道，实现隔离。（3）便于远距离传输。可通过调制进行无线传输或光传输。

由于以上这些特点，V/F 转换器适用于一些非快速而需进行远距离信号传输的 A/D 转换过程。利用 V/F 变换，还可以减化电路、降低成本、提高性价比。

A/D 转换是指将模拟输入信号转换成 N 位二进制数字输出信号的过程。伴随半导体技术、数字信号处理技术及通信技术的飞速发展，A/D 转换器近年也呈现高速发展的趋势。人类数字化的浪潮推动了 A/D 转换器不断变革，现在，在通信产品、消费类产品、工业医疗仪器乃至军工产品中无一不显现 A/D 转换器的身影，可以说，A/D 转换器已经成为人类实现数字化的先锋。自 1973 年第一只集成 A/D 转换器问世至今，A/D、D/A 转换器在加工工艺、精度、采样速率上都有长足发展，现在的 A/D 转换器的精度可达 26 位，采样速度可达 1GSPS，今后的 A/D 转换器将向超高速、超高精度、集成化、单片化发展。不管怎么发展，A/D 转换的原理和作用都是不变的。在下一节，将着重讨论 A/D 转换技术。

现在的软件无线电、数字图像采集都需要有高速的 A/D 采样保证有效性和精度，一般的测控系统也希望在精度上有所突破，人类数字化的浪潮推动了 A/D 转换器不断变革，而 A/D 转换器是人类实现数字化的先锋。A/D 转换器发展了 30 多年，经历了多次的技术革新，从并行比较型、逐次逼近型、积分型 ADC，到近年来新发展起来的 $\Sigma-\Delta$ 型和流水线型 ADC，它们各有其优缺点，能满足不同应用场合的使用。

逐次逼近型、积分型、压频变换型等，主要应用于中速或较低速、中等精度的数据采集和智能仪器中。分级型和流水线型 ADC 主要应用于高速情况下的瞬态信号处理、快速波形存储与记录、高速数据采集、视频信号量化及高速数字通信技术等领域。此外，采用脉动型和折叠型等结构的高速 ADC，可应用于广播卫星中的基带解调等方面。$\Sigma-\Delta$ 型 ADC 主要应用于高精度数据采集特别是数字音响系统、多媒体、地震勘探仪器、声纳等电子测量领域。下面对各种类型的 ADC 作简要介绍。

逐次逼近型 ADC 是应用非常广泛的模 / 数转换方法，它包括 1 个比较器、1 个数模转换器、1 个逐次逼近寄存器（SAR）和 1 个逻辑控制单元。它是将采样输入信号与已知电压不断进行比较，1 个时钟周期完成 1 位转换，N 位转换需要 N 个时钟周期，转换完成，输出二进制数。这一类型 ADC 的分辨率和采样速率是相互矛盾的，分辨率低时采样速率较高，要提高分辨率，采样速率就会受到限制。

优点：分辨率低于 12 位时，价格较低，采样速率可达 1MSPS；与其他 ADC 相比，功耗相当低。缺点：在高于 14 位分辨率情况下，价格较高；传感器产生的信号在

进行模 / 数转换之前需要进行调理，包括增益级和滤波，这样会明显增加成本。

积分型 ADC 又称为双斜率或多斜率 ADC，它的应用也比较广泛。它由 1 个带有输入切换开关的模拟积分器、1 个比较器和 1 个计数单元构成，通过两次积分将输入的模拟电压转换成与其平均值成正比的时间间隔。与此同时，在此时间间隔内利用计数器对时钟脉冲进行计数，从而实现 A/D 转换。

积分型 ADC 两次积分的时间都是利用同一个时钟发生器和计数器来确定，因此所得到的 D 表达式与时钟频率无关，其转换精度只取决于参考电压 VR。此外，由于输入端采用了积分器，所以对交流噪声的干扰有很强的抑制能力。能够抑制高频噪声和固定的低频干扰（如 50Hz 或 60Hz），适合在嘈杂的工业环境中使用。这类 ADC 主要应用于低速、精密测量等领域，如数字电压表。优点：分辨率高，可达 22 位；功耗低、成本低。缺点：转换速率低，转换速率在 12 位时为 100 ~ 300SPS。

并行比较型 ADC 主要特点是速度快，它是所有的 A/D 转换器中速度最快的，现代发展的高速 ADC 大多采用这种结构，采样速率能达到 1GSPS 以上。但受到功率和体积的限制，并行比较型 ADC 的分辨率不是很高。

这种结构的 ADC 所有位的转换同时完成，其转换时间主要取决于比较器的开关速度、编码器的传输时间延迟等。增加输出代码对转换时间的影响较小，但随着分辨率的提高，需要高密度的模拟设计以实现转换所必需的数量很大的精密分压电阻和比较器电路。输出数字增加一位，精密电阻数量就要增加一倍，比较器也近似增加一倍。

并行比较型 ADC 的分辨率受管芯尺寸、输入电容、功率等限制。结果重复的并联比较器如果精度不匹配，还会造成静态误差，如会使输入失调电压增大。同时，这一类型的 ADC 由于比较器的亚稳压、编码气泡，还会产生离散的、不精确的输出，即所谓的“火花码”。

压频变换型 ADC 是间接型 ADC，它先将输入模拟信号的电压转换成频率与其成正比的脉冲信号，然后在固定的时间间隔内对此脉冲信号进行计数，计数结果即为正比于输入模拟电压信号的数字量。从理论上讲，这种 ADC 的分辨率可以无限增加，只要采用时间长到满足输出频率分辨率要求的累积脉冲个数的宽度即可。

流水线结构 ADC，又称为子区式 ADC，它是一种高效和强大的模数转换器。它能够提供高速、高分辨率的模数转换，并且具有令人满意的低功率消耗和很小的芯片尺寸；经过合理的设计，还可以提供优异的动态特性。

流水线型 ADC 由若干级级联电路组成，每一级包括一个采样 / 保持放大器、一个低分辨率的 ADC 和 DAC 以及一个求和电路，其中求和电路还包括可提供增益的级间放大器。快速精确的 n 位转换器分成两段以上的子区（流水线）来完成。首级电路的采样 / 保持器对输入信号取样后先由一个 m 位分辨率粗 A/D 转换器对输入进行量化，接着用一个至少 n 位精度的乘积型数模转换器（MDAC）产生一个对应于量化结果的模拟电平并送至求和电路，求和电路从输入信号中扣除此模拟电平，并将差值精确放大某一固定增益后交下一级电路处理。经过各级这样的处理后，最后由一个较高精度的 K 位细 A/D 转换器对残余信号进行转换。将上述各级粗、细 A/D 的输出组合起来即构成高精度的 n 位输出。优点：有良好的线性和低失调；可以同时对多个采样进行处理，有较高的信号处理速度，典型的为 Tconv<100ns；低功率；高精度；高分辨率；可以简化电路。缺点：基准电路和偏置结构过于复杂；输入信号需要经过特殊处理，以便穿过数级电路造成流水延迟；对锁存定时的要求严格；对电路工艺要求很高，电路板上设计得不合理会影响增益的线性、失调及其他参数。

目前，这种新型的 ADC 结构主要应用于对 THD 和 SFDR 及其他频域特性要求较高的通信系统，对噪声、带宽和瞬态相应速度等时域特性要求较高的 CCD 成像系统，对时域和频域参数都要求较高的数据采集系统。

A/D 转换器的品种繁多，性能各异，A/D 转换器的选择直接影响系统的性能。在确定设计方案后，首先需要明确 A/D 转换的需要的指标要求，包括数据精度、采样速率、信号范围，等等。

在选择 A/D 器件之前，需要明确设计所要达到的精度。精度是反映转换器的实际输出接近理想输出的精确程度的物理量。在转化过程中，由于存在量化误差和系统误差，精度会有所损失。其中量化误差对于精度的影响是可计算的，它主要决定于 A/D 转换器件的位数。A/D 转换器件的位数可以用分辨率来表示。一般把 8 位以下的 A/D 转换器称为低分辨率 ADC，9 ~ 12 位称为中分辨率 ADC，13 位以上为高分辨率。A/D 器件的位数越高，分辨率越高，量化误差越小，能达到的精度越高。理论上可以通过增加 A/D 器件的位数，无止境地提高系统的精度。但事实并非如此，由于 A/D 前端的电路也会有误差，它也同样制约着系统的精度。

比如，用 A/D 采集传感器提供的信号，传感器的精度会制约 A/D 采样的精度，经 A/D 采集后信号的精度不可能超过传感器输出信号的精度。设计时应当综合考虑系统需要的精度以及前端信号的精度。

在不同的应用场合，对转换速率的要求是不同的，在相同的场合，精度要求不同，采样速率也会不同。采样速率主要由采样定理决定。确定了应用场合，就可以根据采集信号对象的特性，利用采样定理计算采样速率。如果采用数字滤波技术，还必须进行过采样，提高采样速率。

采样 / 保持器主要用于稳定信号量，实现平顶抽样。对于高频信号的采集，采样 / 保持器是非常必要的。如果采集直流或者低频信号，可以不需要采样保持器。

模拟信号的动态范围较大，有时还有可能出现负电压。在选择时，待测信号的动态范围最好在 A/D 器件的量程范围内。以减少额外的硬件付出。

在 A/D 采集过程中，线形度越高越好。但是线形度越高，器件的价格也越高。当然，也可以通过软件补偿来减少非线性的影响。所以在设计时要综合考虑精度、价格、软件实现难度等因素。

A/D 器件接口的种类很多，有并行总线接口的，也有 SPI、I2C、1-Wire 等串行总线接口的。它们在原理和精度上相同，但是控制方法和接口电路会有很大差异。在接口上的选择，主要决定于系统要求、已经开发者对于各种接口的熟练程度。

通常需要采集的数字逻辑信号包括频率信号、逻辑编码信号。频率信号典型的应用包括测量电压，提供时间基准等。逻辑编码信号是个很广泛的概念，现在有的传感器是数字型的，它输出的不是电流或电压，而直接是编码的逻辑信号，如温度传感器 DS1820、各种时钟芯片、GPSOEM 模块等。逻辑编码信号的采集主要考虑物力接口和通信协议。在有些书本中，也将其归类为通信技术。

二、模拟信号处理

通常自然界所遇到的信号均为模拟信号，它在幅值域内和时间域内都是连续的，对这些信号进行放大、滤波、调制、解调以及各种频率变换都属于模拟信号处理。模拟信号处理是相对于数字信号处理而言的，数字信号处理是利用数字计算机方法来对信号进行处理。为了实现数字处理，信号必须首先进行时间上的抽样，幅度上的量化，然后输入给计算机进行处理。处理结束后，还要将数字信号再经过滤波，恢复为模拟信号。模拟信号处理的优点是实时性能好，而且所使用的器件、设备体积小、价格低。但由于其精度、稳定性以及器件的集成化方面局限性大，不便于进行程控复用。因此，许多复杂的信号处理运算，难以由模拟方法完成，需要用数字信号处理方法来完成。

尽管如此，模拟信号处理，在研究及应用方面，仍然具有相当的潜力。模拟信号是指信息参数在给定范围内表现为连续的信号，或在一段连续的时间间隔内，其代表信息的特征量可以在任意瞬间呈现为任意数值的信号。

模拟信号主要是与离散的数字信号相对的连续的信号。模拟信号分布于自然界的各个角落，如气温的变化，而数字信号是人为的抽象出来的在幅度取值上不连续的信号。电学上的模拟信号主要是指幅度和相位都连续的电信号，此信号可以被模拟电路进行各种运算，如放大、相加、相乘等。

模拟信号是指用连续变化的物理量表示的信息，其信号的幅度，或频率，或相位随时间作连续变化，广播的声音信号，电视的图像信号等。

模拟信号的主要优点是其精确的分辨率，在理想情况下，它具有无穷大的分辨率。与数字信号相比，模拟信号的信息密度更高。由于不存在量化误差，它可以对自然界物理量的真实值进行尽可能逼近的描述。

模拟信号的另一个优点是，当达到相同的效果，模拟信号处理比数字信号处理更简单。模拟信号的处理可以直接通过模拟电路组件（如运算放大器等）实现，而数字信号处理往往涉及复杂的算法，甚至需要专门的数字信号处理器。

模拟信号的主要缺点是它总是受到杂讯（信号中不希望得到的随机变化值）的影响。信号被多次复制，或进行长距离传输之后，这些随机噪声的影响可能会变得十分显著。在电学里，使用接地屏蔽（shield）、线路良好接触、使用同轴电缆或双绞线，可以在一定程度上缓解这些负面效应。

噪声效应会使信号产生有损。有损后的模拟信号几乎不可能再次被还原，因为对所需信号的放大会同时对噪声信号进行放大。如果噪声频率与所需信号的频率差距较大，可以通过引入电子滤波器，过滤掉特定频率的噪声，但是这一方案只能尽可能地降低噪声的影响。因此，在噪声的作用下，虽然模拟信号理论上具有无穷分辨率，但并不一定比数字信号更加精确。

尽管数字信号处理算法相对复杂，但是现有的数字信号处理器可以快速地完成这一任务。另外，计算机等系统的逐渐普及，使得数字信号的传播、处理都变得更加方便。诸如照相机等设备都逐渐实现数字化，尽管它们最初必须以模拟信号的形式接收真实物理量的信息，最后都会通过模拟数字转换器转换为数字信号，以方便计算机进行处理，或通过互联网进行传输。

模拟信号的变换与处理是直接对连续时间信号进行分析处理的过程，是利用一定的数学模型所组成的运算网络来实现的。从广义上讲，它包括了调制、滤波、放大、微积分、乘方、开方、除法运算等。模拟信号分析的目的是便于信号的传输与处理，如信号调制后的放大与远距离传输；利用信号滤波实现剔除噪声与频率分析；对信号的运算估值，以获取特征参数等。

尽管数字信号分析技术已经获得了很大发展，但模拟信号分析仍然是不可少的，即使在数字信号分析系统中，也要加以模拟分析设备。例如，对连续时间信号进行

数字分析之前的抗频混滤波、信号处理以后的显示记录等。

传感器输出的电信号，大多数不能直接输送到显示、记录或分析仪器中去。其主要原因是：大多数传感器输出的电信号很微弱，需要进一步放大，有的还要进行阻抗变换；有些传感器输出的是电参量，要转换为电能量；输出信号中混杂有干扰噪声，需要去掉噪声，提高信噪比；若测试工作仅对部分频段的信号感兴趣，则有必要从输出信号中分离出所需的频率成分；当采用数字式仪器、仪表和计算机时，模拟输出信号还要转换为数字信号；等等。因此，传感器的输出信号要经过适当的调理，使之与后续测试环节相适应。常用的信号调理环节有：电桥、放大器、滤波器、调制器与解调器等。

一般而言，模拟信号处理会包括放大、滤波、调制与解调等流程，这些流程均会影响信号处理的效果。

第七章　数字信号和数字信号处理

一、数字信号

数字信号指自变量是离散的、因变量也是离散的信号，这种信号的自变量用整数表示，因变量用有限数字中的一个数字来表示。在计算机中，数字信号的大小常用有限位的二进制数表示，如字长为 2 位的二进制数可表示 4 种大小的数字信号，它们是 00、01、10 和 11; 若信号的变化范围在 –1 ~ 1，则这 4 个二进制数可表示 4 段数字范围，即（–1,–0.5）、（–0.5,0）、（0,0.5）和（0.5,1）。

由于数字信号是用两种物理状态来表示 0 和 1 的，故其抵抗材料本身干扰和环境干扰的能力都比模拟信号强很多；在现代技术的信号处理中，数字信号发挥的作用越来越大，几乎复杂的信号处理都离不开数字信号；或者说，只要能把解决问题的方法用数学公式表示，就能用计算机来处理代表物理量的数字信号。

在数字电路中，由于数字信号只有 0、1 两个状态，它的值是通过中央值来判断的，在中央值以下规定为 0，以上规定为 1，所以即使混入了其他干扰信号，只要干扰信号的值不超过阈值范围，就可以再现出原来的信号。即使因干扰信号的值超过阈值范围而出现了误码，只要采用一定的编码技术，也很容易将出错的信号检测出来并加以纠正，因此与模拟信号相比，数字信号在传输过程中具有更高的抗干扰能力、更远的传输距离，且失真幅度小。

数字信号在传输过程中不仅具有较高的抗干扰性，还可以通过压缩，占用较少的带宽，实现在相同的带宽内传输更多、更高音频、视频等数字信号的效果。此外，数字信号还可用半导体存储器来存储，并可直接用于计算机处理。若将电话、传真、电视所处理的音频、文本、视频等数据及其他各种不同形式的信号都转换成数字脉冲来传输，还有利于组成统一的通信网，实现今天 rr 界人士和电信工业者们极力推崇的综合业务数字网络（IS–DN）。从而为人们提供全新的、更灵活、更方便的服务。正因为数字信号具有上述突出的优点，它正在迅速而且已经取得了十分广泛的应用。

从原始信号转换到数字信号一般要经过抽样、量化和编码这样三个过程。抽样是指每隔一小段时间，取原始信号的一个值。间隔时间越短，单位时间内取的样值也越多，这样取出的一组样值也就越接近原来的信号。抽样以后要进行量化，正如我们常常把成绩 80 ~ 100 分以上归为优，60 ~ 79 分归为及格，60 分以下归为不及格一样，量化就是把取出的各种各样的样值仅用我们指定的若干个值来表示。在上面的成绩“量化”中，我们就是把 0–100 分仅用三个度“优”、“及格”、“不及格”来量化。最后就是编码，把量化后的值分别编成仅由 0 和 1 这两个数字组成的序列，由脉冲信号发生器生成相应的数字信号。这样就可以用数字信号进行传送了。

数字信号的优点很多，首先，它抗干扰的能力特别强，它不但可以用于通信技术，而且还可以用于信息处理技术，时髦的高保真音响、高清晰度电视、VCD、DVD 激光机都采用了数字信号处理技术。其次，我们使用的电子计算机都是数字的，它们处理的信号本来就是数字信号。在通信上使用了数字信号，就可以很方便地将计算机与通信结合起来，将计算机处理信息的优势用于通讯事业。例如在电话通信中采用了程控数字交换机，用计算机来代替接线员的工作，不仅接线迅速准确，而且占地小、效率高，省去不少人工和设备，使电话通信产生了一个质的飞跃。再次，数字信号便于存储，现在流行的 CD、MP3 唱盘 ,VCD、DVD 视盘及电脑光盘都是用数字信号来存储的信息。最后，数字通信还可以兼容电话、电报、数据和图像等多类信息的传送，能在同一条线路上传送电话、有线电视、多媒体等多种信息。数字信号还便于加密和纠错，具有较强的保密性和可靠性。

二、数字信号处理

数字信号处理，简称 DSP，是面向电子信息学科的专业基础课，它的基本概念、基本分析方法已经渗透到了信息与通信工程，电路与系统，集成电路工程，生物医学工程，物理电子学，导航、制导与控制，电磁场与微波技术，水声工程，电气工程，动力工程，航空工程，环境工程等领域。

数字信号处理问题无处不在，信息科学已渗透到所有现代自然科学和社会科学领域。学生应熟练地掌握本课程所讲述的基本概念、基本理论和基本分析方法，并利用这些经典理论分析、解释和计算信号、系统及其相互之间约束关系的问题。

简单地说，数字信号处理就是用数值计算的方式对信号进行加工的理论和技术，它的英文原名叫 digitalsignalprocessing，简称 DSP。另外 DSP 也是 digitalsignalprocessor 的简称，即数字信号处理器，它是集成专用计算机的一种芯片，只有一枚硬币那么大。有时人们也将 DSP 看作一门应用技术，称为 DSP 技术与应用。

数字系统的优点：体积小，功耗低，精度高，可靠性高，灵活性大，易于大规模集成，可进行二维与多维处理。

随着大规模集成电路以及数字计算机的飞速发展，加之自60年代末以来数字信号处理理论和技术的成熟和完善，用数字方法来处理信号，即数字信号处理，已逐渐取代模拟信号处理。随着信息时代、数字世界的到来，数字信号处理已成为一门极其重要的学科和技术领域。

三、数字信号处理的发展与应用

广义来说，数字信号处理是研究用数字方法对信号进行分析、变换、滤波、检测、调制、解调以及快速算法的一门技术学科。但很多人认为：数字信号处理主要是研究有关数字滤波技术、离散变换快速算法和谱分析方法。随着数字电路与系统技术以及计算机技术的发展，数字信号处理技术也相应地得到发展，其应用领域十分广泛。

TL6748-EVM评估套件是一个功能丰富的开发板，为嵌入式设计人员提供快捷简单的实践方式来评估TMS320C674x系列处理器，是一个完整的实验评估平台。广州创龙推出基于C6748的TL6748-EVM评估套件为开发者使用TITMS320C6748处理器提供了完善的软件开发环境，系统支持：裸机、SYS/BIOS、DSP/BIOS。提供参考底板原理图，DSPC6748入门教程、丰富的Demo程序、完整的软件开发包，以及详细的C6748系统开发文档，方便用户快速评估TMS320C6748处理器、设计系统驱动及其定制应用软件，也大大降低了产品开发周期，让客户产品快速上市。主要面向电力、通信、工控、音视频处理等数据采集处理行业。

数字滤波器的实用型式很多，大略可分为有限冲激响应型和无限冲激响应型两类，可用硬件和软件两种方式实现。在硬件实现方式中，它由加法器、乘法器等单元所组成，这与电阻器、电感器和电容器所构成的模拟滤波器完全不同。数字信号处理系统很容易用数字集成电路制成，显示出体积小、稳定性高、可程控等优点。数字滤波器也可以用软件实现。软件实现方法是借助于通用数字计算机按滤波器的设计算法编出程序进行数字滤波计算。

1965年J.W.库利和T.W.图基首先提出离散傅里叶变换的快速算法，简称快速傅里叶变换，以FFT表示。自从有了快速算法以后，离散傅里叶变换的运算次数大为减少，使数字信号处理的实现成为可能。快速傅里叶变换还可用来进行一系列有关的快速运算，如相关、褶积、功率谱等运算。快速傅里叶变换可做成专用设备，也可以通过软件实现。与快速傅里叶变换相似，其他形式的变换，如沃尔什变换、数论变换等也可有其快速算法。

谱分析是在频域中描述信号特性的一种分析方法，不仅可用于确定性信号，也可用于随机性信号。所谓确定性信号可用既定的时间函数来表示，它在任何时刻的值是确定的；随机信号则不具有这样的特性，它在某一时刻的值是随机的。因此，随机信号处理只能根据随机过程理论，利用统计方法来进行分析和处理，如经常利用均值、均方值、方差、相关函数、功率谱密度函数等统计量来描述随机过程的特征或随机信号的特性。

实际上，经常遇到的随机过程多是平稳随机过程而且是各态历经性的，因而它的样本函数集平均可以根据某一个样本函数的时间平均来确定。平稳随机信号本身虽然是不确定的，但它的相关函数却是确定的。在均值为零时，它的相关函数的傅里叶变换或 Z 变换恰恰可以表示为随机信号的功率谱密度函数，一般简称为功率谱。这一特性十分重要，这样就可以利用快速变换算法进行计算和处理。

在实际中观测到的数据是有限的。这就需要利用一些估计的方法，根据有限的实测数据估计出整个信号的功率谱。针对不同的要求，如减小谱分析的偏差，减小对噪声的灵敏程度，提高谱分辨率等。已提出许多不同的谱估计方法。在线性估计方法中，有周期图法、相关法和协方差法；在非线性估计方法中，有最大似然法、最大熵法、自回归滑动平均信号模型法等。谱分析和谱估计仍在研究和发展中。

数字信号处理的应用领域十分广泛。就所获取信号的来源而言，有通信信号的处理、雷达信号的处理、遥感信号的处理、控制信号的处理、生物医学信号的处理、地球物理信号的处理、振动信号的处理等。若以所处理信号的特点来讲，又可分为语音信号处理，图像信号处理，一维信号处理和多维信号处理等。

无论哪方面的应用，首先须经过信息的获取或数据的采集过程得到所需的原始信号，如果原始信号是连续信号，还须经过抽样过程使之成为离散信号，再经过模数转换得到能为数字计算机或处理器所接受的二进制数字信号。如果所收集到的数据已是离散数据，则只须经过模数转换即可得到二进制数码。数字信号处理器的功能是将从原始信号抽样转换得来的数字信号按照一定的要求，如滤波的要求，加以适当的处理，即得到所需的数字输出信号。经过数模转换先将数字输出信号转换为离散信号，再经过保持电路将离散信号连接起来成为模拟输出信号，这样的处理系统适用于各种数字信号处理的应用，只不过专用处理器或所用软件有所不同而已。

语音信号处理是信号处理中的重要分支之一。它包括的主要方面有：语音的识别，语言的理解，语音的合成，语音的增强，语音的数据压缩等。各种应用均有其特殊问题。语音识别是将待识别的语音信号的特征参数即时地提取出来，与已知的语

音样本进行匹配，从而判定出待识别语音信号的音素属性。关于语音识别方法，有统计模式语音识别、结构和语句模式语音识别，利用这些方法可以得到共振峰频率、音调、嗓音、噪声等重要参数，语音理解是人和计算机用自然语言对话的理论和技术基础。语音合成的主要目的是使计算机能够讲话。为此，首先需要研究清楚在发音时语音特征参数随时间的变化规律，然后利用适当的方法模拟发音的过程，合成为语言。其他有关语言处理问题也各有其特点。语音信号处理是发展智能计算机和智能机器人的基础，是制造声码器的依据。语音信号处理是迅速发展中的一项信号处理技术。

图像信号处理的应用已渗透到各个科学技术领域。譬如，图像处理技术可用于研究粒子的运动轨迹、生物细胞的结构、地貌的状态、气象云图的分析、宇宙星体的构成等。在图像处理的实际应用中，获得较大成果的有遥感图像处理技术、断层成像技术、计算机视觉技术和景物分析技术等。根据图像信号处理的应用特点，处理技术大体可分为图像增强、恢复、分割、识别、编码和重建等几个方面。这些处理技术各具特点，且正在迅速发展中。

机械振动信号的分析与处理技术已应用于汽车、飞机、船只、机械设备、房屋建筑、水坝设计等方面的研究和生产中。振动信号处理的基本原理是在测试体上加一激振力，作为输入信号。在测量点上监测输出信号。输出信号与输入信号之比称为由测试体所构成的系统的传递函数（或称转移函数）。根据得到的传递函数进行所谓模态参数识别，从而计算出系统的模态刚度、模态阻尼等主要参数。这样就建立起系统的数学模型。进而可以作出结构的动态优化设计。这些工作均可利用数字处理器来进行。这种分析和处理方法一般称为模态分析。实质上，它就是信号处理在振动工程中所采用的一种特殊方法。

为了勘探地下深处所储藏的石油和天然气以及其他矿藏，通常采用地震勘探方法来探测地层结构和岩性。这种方法的基本原理是在一选定的地点施加人为的激震，如用爆炸方法产生一振动波向地下传播，遇到地层分界面即产生反射波，在距离振源一定距离的地方放置一列感受器，接收到达地面的反射波。从反射波的延迟时间和强度来判断地层的深度和结构。感受器所接收到的地震记录是比较复杂的，需要处理才能进行地质解释。处理的方法很多，有反褶积法、同态滤波法等，这是一个尚在努力研究的问题。

信号处理在生物医学方面主要是用来辅助生物医学基础理论的研究和用于诊断检查和监护。例如，用于细胞学、脑神经学、心血管学、遗传学等方面的基础理论研究。人的脑神经系统由约 100 亿个神经细胞所组成，是一个十分复杂而庞大的信息处理系统。在这个处理系统中，信息的传输与处理是并列进行的，并具有特殊的功能，即使系统的某一部分发生障碍，其他部分仍能工作，这是计算机所做不到的。因此，关于人脑的信息处理模型的研究就成为基础理论研究的重要课题。此外，神经细胞模型的研究，染色体功能的研究等，都可借助于信号处理的原理和技术来进行。

信号处理用于诊断检查较为成功的实例有脑电或心电的自动分析系统、断层成像技术等。断层成像技术是诊断学领域中的重大发明。X 射线断层的基本原理是 X 射线穿过被观测物体后构成物体的二维投影。接收器接收后，再经过恢复或重建，即可在一系列的不同方位计算出二维投影，经过运算处理即取得实体的断层信息，从而从大屏幕上得到断层造像。信号处理在生物医学方面的应用正处于迅速发展阶段。

数字信号处理在其他方面还有多种用途，如雷达信号处理、地学信号处理等，它们虽各有其特殊要求，但所利用的基本技术大致相同。在这些方面，数字信号处理技术起着主要的作用。

第八章　无线电通信技术的民用

一、电报

电报是通信业务的一种，在19世纪初发明，是最早使用电进行通信的方法。电报大为加快了消息的流通，是工业社会的其中一项重要发明。早期的电报只能在陆地上通讯，后来使用了海底电缆，开展了越洋服务。到了20世纪初，开始使用无线电拍发电报，电报业务基本上已能抵达地球上大部分地区。电报主要是用作传递文字讯息，使用电报技术用作传送图片称为传真。

电报（Telegraph）是通信业务的一种，是最早使用电进行通信的方法。它利用电流（有线）或电磁波（无线）作载体。通过编码和相应的电处理技术实现人类远距离传输与交换信息的通信方式。

电报大大加快了消息的流通，是工业社会的其中一项重要发明。早期的电报只能在陆地上通信，后来使用了海底电缆，开展了越洋服务。到了二十世纪初，开始使用无线电拍发电报，电报业务基本上已能抵达地球上大部分地区。电报主要是用作传递文字讯息，使用电报技术用作传送图片称为传真。

利用电磁波作载体，通过编码和相应的电处理技术实现人类远距离传输与交换信息的通信方式。电报通信是在1837年由美国S.F.B.莫尔斯首先试验成功的。它的基本原理是：把英文字母表中的字母、标点符号和空格按照出现的频度排序，然后用点和划的组合来代表这些字母、标点和空格，使频度最高的符号具有最短的点划组合；“点”对应于短的电脉冲信号，“划”对应于长的电脉冲信号；这些信号传到对方，接收机把短的电脉冲信号翻译成“点”，把长的电脉冲信号转换成“划”；译码员根据这些点划组合就可以译成英文字母，从而完成了通信任务。

早在莫尔斯之前，就有人想过用电来进行通信，最早的电报机应该是有着26根电线的机器。1753年，当时对电的研究尚只停留在静电上，一位叫摩尔逊的人，利用静电感应的原理，用代表26个英文字母的26根导线通电后进行信息传输，但这种机器需要的导线太多，设置庞杂，并且静电传应的距离有限，因此这项发明没有得到推广。1804年，西班牙的萨瓦将许多代表不同字母和符号的金属线浸在盐水中，他的电报接收装置是装有盐水的玻璃管，当电流通过时，盐水被电解，产生出小气泡，他根据这些气泡辨识出字母，从而接收到远处传送来的信息。但萨瓦的电报接收机可靠性很差，不具实用性。后来，俄国科学家希林格设计了一种只用 8 根电线的编码式电报机，并且取得试验上的成功，但由于需要的导线还是太多，依然难以达到实用之功效。

上述这些幼稚时期的电报接收装置虽然没有得到最终的应用和推广，但它们为后进者提供了试验基础，随着电磁学理论的不断完善、电学的进一步发展，一根导线的电报机在莫尔斯的千呼万唤中诞生了。

1843 年，塞缪尔・莫尔斯用国会赞助的 3 万美元建起了从华盛顿到巴尔的摩之间长达 64 公里的电报线路，翌年 5 月，他在华盛顿国会大厦最高法院会议厅里，用他从 1837 年便发明出来并不断完善的电报机，向巴尔的摩发送了世界上第一封电报，电文内容是《圣经》中的一句话：上帝啊，你创造了何等的奇迹！

自此之后，这种“闪电式的传播线路”迅速发展，形成了巨大的通信网络。电报本身不是大众传媒，但它为大众传播提供了快速有效的通信手段，而作为现代重要传播媒介的通讯社，也是在电报技术发明之后才出现和发展起来的。自助者天助。上帝没有创造奇迹，但上帝很公平。他没有使莫尔斯循着四十年的人生轨迹继续走向绘画世界的辉煌——尽管他已是时人公认的一流画家，但让莫尔斯最终实现了他的发明梦想，在科学界获得了一个席位，从此开启了电子通信时代的新纪元。

二、无线电对讲机

无线电对讲机，其涵盖范围较宽。在这里我们将工作在超短波频段（VHF30 ~ 300MHZ、UHF300 ~ 3000MHZ）的无线电通信设备都统称为无线电对讲机。实际上按国家的有关标准应称为超短波调频无线电话机，人们通常将功率小、体积小的手持式的无线电话机叫作“对讲机”，以前曾有人称它为“步谈机”、“步话机”，而将功率大、体积较大的可装在车（船）等交通工具或固定使用的无线电话机又叫作“电台”，如车载台（车载机）、船用台、固定台、基地台、中转台等无线电对讲机是最早被人类使用的无线移动通信设备，早在 20 世纪 30 年代就开始得到应用。1936 年美国摩托罗拉公司研制出第一台移动无线电通信产品——“巡警牌”调幅车用无线电接收机，随后在 1940 年又为美国陆军通信兵研制出第一台重量为 2.2 公斤的手持式双向无线电调幅对讲机，通信距离为 1.6 公里。到了 1962 年，摩托罗拉公司又推出了第一台仅重 33 盎司的手持式无线对讲机 HT200，其外形被称为“砖头”，大小和早期的大哥大手机差不多。经过近 3/4 世纪的发展对讲机的应用已十分普遍，

已从专业化领域走向普通消费，从军用扩展到民用。

无线电对讲机既是移动通信中的一种专业无线通信工具，又是一种能满足人们生活需要的具有消费类产品特点的消费工具。顾名思义移动通信就是通信一方和另一方在移动中实现通信。它包括移动用户对移动用户、移动用户对固定用户、当然又包括固定用户对固定用户之间进行通信联系，无线电对讲机就是移动通信中的一个重要分支。

它是一种无线的可在移动中使用的一点对多点进行通信的终端设备，可使许多人同时彼此交流，使许多人能同时听到同一个人说话，但是在同一时刻只能有一个人讲话。这种通信方式和其它通信方式有不同的特点：即时沟通、一呼百应、经济实用、运营成本低、不耗费通话费用、节约使用方便，同时还具有组呼通播、系统呼叫、机密呼叫等功能。在处理紧急突发事件中，在进行调度指挥中其作用是其它通信工具所不能替代的。无线电对讲机和其它无线通信工具（如手机）其市场定位各不相同，难以互相取代。无线电对讲机决不是过时的产品。它还将长期使用下去。随着经济的发展，社会的进步，人们更关注自身的安全、工作效率和生活质量的提高，对无线电对讲机的需求也将日益增长。公众对讲机的大量使用，更促进了无线电对讲机和有线电话机一样成为人们喜爱和依赖的通信工具。

三、无线电话

移动通信技术可以说从无线电通信发明之日就产生了。1897 年，M.G. 马可尼所完成的无线通信试验就是在固定站与一艘拖船之间进行的，距离为 18 海里。而现代移动通信技术的发展始于 20 世纪 20 年代，大致经历了五个发展阶段。35 年前，谁也无法想象有一天每个人身上都有一部电话，被连接到这个世界。如今，人们可以通过手机进行通信，智能手机更如同一款随身携带的小型计算机，通过 3G 等移动通信网络实现无线网络接入后，可以方便地实现个人信息管理及查阅股票、新闻、天气、交通、商品信息、应用程序下载、音乐图片下载等。

移动电话、手提电话、无线电话、行动电话、携带电话、流动电话，简称手提、手机，是可以在较广范围内使用的便携式电话终端。早期（20 世纪 90 年代初期及以前）因为价格昂贵，只有少部分人才买得起，又有大哥大的俗称。20 世纪 90 年代后期大幅降价，如今已成为人类日常不可或缺的电子用品之一。

目前在全球范围内使用最广的是所谓的第二代手机（2G），以 GSM 和 cdmaOne

为主。它们都是数字制式的，除了可以进行语音通信以外，还可以收发短信（短消息、SMS）、MMS（彩信、多媒体短信）、无线应用协议（WAP）等。在中国大陆及台湾以 GSM 最为普及，cdmaOne 和小灵通（PHS）手机也很流行。2012 年开始，整个行业正在向第三代手机（3G）迁移过程中。

手机外观一般都应该包括至少一个液晶显示屏和一套按键（部分采用触摸屏的手机减少了按键）。现代的手机除了典型的电话功能外，还包含了 PDA、游戏机、MP3、照相机、录音、GPS 等更多的功能，有向带有手机功能的 PDA 发展的趋势。更确切地说，未来将没有 PDA，只有手机，手机将包含 PDA 的一切功能。

无线电话是 20 世纪的重大发明。无线电通信虽是 1895 年发明的，但无线电话却是在 20 世纪初发明了真空三极管之后才出现的。

1915 年首次成功地实现了跨越大西洋的无线电话通信；1927 年在美国和英国之间开通了商用无线电话。当时的越洋无线电话通信是利用短波无线电波能从电离层折射返回地面这一特性。20 世纪 30 年代发现了超短波，40 年代发现了微波。超短波和微波都不能从电离层反射，具有直线传播的特性，能穿过电离层；它们在地面上只能以视线距离传播。人们利用这种特性开发了多路无线接力通信。超短波接力通信可以传送 30 路以下的电话；微波接力通信可以传送几千路电话，还可以用来传送彩色电视。所谓接力通信，就是在直线视距范围（在地面平原地区约 50 千米）内设立一个中继站进行接收转发。通信距离越长，设立的中继站越多。

四、无线数字电视

无线网络数字电视是采用数字电视技术，通过无线发射、地面接收的方法进行电视节目传播，移动数字电视便是无线网络数字电视系统的应用，在任何安装了接收装置的巴士、轨道交通等移动载体就能收看到清晰的电视画面。

为了适应发射的市场发展，电视发射技术的发展也越来越重要。随着各国数字电视业务的开播和全球掀起的数字电视热潮，电视发射技术也取得了较大的进步。数字 mmds 发射系统由数字发射机、频率基准源、频率合成器、馈线与天线构成。早期的数字电视发射机是用外接的 cofdm 或 8-vsb 激励器简单取代模拟 vision/sound 激励器，用射频波段滤波器取代射频输出滤波器和 vision/sound 双工器。

已有新的数字电视发射机产生，新的发射机有以下几个特点：（1）数字自适应预校正技术（dap 或 trac）是指在不须人工干预的情况下在刚刚启动发射机的几分

钟内将发射机调整到最佳状态。（2）大功率 ldmos 晶体管应用于功放中 ldmos 管的增益可达 14db 以上，采用 ldmos 管的 pa 模块的增益可达 60db 左右，增大功放的可靠性。ldmos 晶体管具有较好的温度特性温度系数是负数，因此可以防止热耗散的影响。（3）采用 n+1 系统用 1 部发射机给多部（n 部）做备份，使得拥有多部发射机的台站更经济。

数字电视系统是指数字电视在拍摄、编辑、制作、传输、播出、接收电视信号全过程均采用数字技术的电视系统。电视数字化后增加了节目容量，提供更多专业化、多样化、对象化节目以及更加清晰的图像质量和优美的音质。同时用户在享受广播电视服务的同时，还可以享受到如股票、生活服务、市政公告、天气预报、交通信息等各种资讯信息服务。

一个数字电视系统的基本组成框图。数字电视系统可分为三大部分：电视信号的数字化及处理、数字电视信号的传送与交换、数字电视信号的接受和记录。三大部分即对应图示中的信源部分、信道部分及信宿部分。其中信源编码部分包括信源音频编码器、视频编码器和复用器。信源编码对视频 / 音频信号进行压缩编码，在一定压缩率前提下可得到最高解码图像质量。信道传输将传输媒体和完成各种形式的信号变换功能的设备包含在内的信道，包括信道编码与调制、发射机、传输媒质、接收机和信道解调与解码，其中传输方式可以是地表传播、对流层传播、电离层传播、视线传播及空间传播等。根据媒质的不同在信道传输部分中将会采取不同的信道编码和调制方式，信道传输部分对应不同的标准。受地面广播信道影响及其他干扰和杂波使信号的差错率增加、业务质量下降，地面广播要采用其他更复杂的技术来避免信号差问题并且支持移动接收。

无线数字电视是一种新型接收信号方式，其传输原理是前端的各路数字电视信号源分别经 qam 调制器调制后，送入混合器混合后再通过 muds 宽带微波发射机进行功率放大，送至天线以无限发射的方式传输覆盖。在接受段，数字机顶盒对从接受天线收下的数字电视包信号进行解码，并经 IC 卡智能管理系统识别授权，还原成音、视频信号，供用户收看。

在无线数字电视传输系统中 ofdm（正交频分复用技术）被广为采用，它是宽带无线传输技术的发展方向，并已成为第四代移动通信（4G）和宽带无线局域网的主流技术。实现数字电视移动接收的关键就是要解决动态多径与多普勒频移问题，从而减少符号间的干扰。而 ofdm 的基本原理就是将高码率的串行数据流变换成 n 个低码率的并行数据流，并对 n 个彼此相互正交的载波分别进行调制，符号率降低即符号周期增大，从而减小因动态多径和多普勒频移引起的码间干扰，又因设置了保护间隔，从而减少了多径反射对多载波正交特性的影响，使码间干扰进一步减小，经过这些处理便能很好地支持移动接收。

在进行广阔区域的无线数字电视覆盖时会存在山体中的隧道，人烟稀少地域的重要交通线，地形起伏大且地表环境复杂的地域等各种需要特殊方式进行覆盖的地区，在城市的交通道路上行驶的车载终端；大型场馆，超市的固定终端；客户携带的手持终端等对无线数字电视信号的覆盖都存在着大量的需求。针对这些区域分析，最良好的方式就是使用无线电视功率增强转发器来解决，将无限通信讯中对于补充放大类设备的本地控制、远程网管经验借鉴到无限数字电视产品中，提高无线数字电视覆盖产品的后期维护方便性。

无线数字电视功率增强转发器包括施主天线、功率增强转发器主机、重发天线等；功率增强转发器主机由 uhf 滤波器、低噪声放大器、中频处理单元、功率放大单元、监控单元以及电源所组成；施主天线接收进来的数字电视信号通过转发器的 uhf 滤波器进行滤波，然后送入低噪声放大器进行放大，改善数字电视信号的信噪比，再到中频处理后输出送往功率放大器单元进行功率放大，达到所需要的功率再通过 uhf 滤波，最后经重发天线发射出去。

第九章　信号处理的几种方法

一、傅里叶变换

傅里叶变换能将满足一定条件的某个函数表示成三角函数（正弦和/或余弦函数）或者它们的积分的线性组合。在不同的研究领域，傅里叶变换具有多种不同的变体形式，如连续傅里叶变换和离散傅里叶变换。最初傅里叶分析是作为热过程的解析、分析的工具被提出的。

要理解傅里叶变换，确实需要一定的耐心，别一下子想着傅里叶变换是怎么变换的，当然，也需要一定的高等数学基础，最基本的是级数变换，其中傅里叶级数变换是傅里叶变换的基础公式。

让我们先看看为什么会有傅里叶变换？傅里叶是一位法国数学家和物理学家的名字，英语原名是 Jean Baptiste Joseph Fourier（1768 ~ 1830）,Fourier 对热传递很感兴趣，于 1807 年在法国科学学会上发表了一篇论文，运用正弦曲线来描述温度分布，论文里有个在当时具有争议性的决断：任何连续周期信号可以由一组适当的正弦曲线组合而成。当时审查这个论文的人，其中有两位是历史上著名的数学家拉格朗日（Joseph Louis Lagrange,1736 ~ 1813）和拉普拉斯（PierreSimondeLaplace,1749 ~ 1827），当拉普拉斯和其他审查者投票通过并要发表这个论文时，拉格朗日坚决反对，在他此后生命的六年中，拉格朗日坚持认为傅里叶的方法无法表示带有棱角的信号，如在方波中出现非连续变化斜率。法国科学学会屈服于拉格朗日的威望，拒绝了傅里叶的工作，幸运的是，傅里叶还有其它事情可忙，他参加了政治运动，随拿破仑远征埃及，法国大革命后因会被推上断头台而一直在逃避。直到拉格朗日死后 15 年这个论文才被发表出来。

谁是对的呢？拉格朗日是对的：正弦曲线无法组合成一个带有棱角的信号。但是，我们可以用正弦曲线来非常逼近地表示它，逼近到两种表示方法不存在能量差别，基于此，傅里叶是对的。为什么我们要用正弦曲线来代替原来的曲线呢？比如，我们也还可以用方波或三角波来代替呀，分解信号的方法是无穷的，但分解信号的目的是为了更加简单地处理原来的信号。用正余弦来表示原信号会更加简单，因为正余弦拥有原信号所不具有的性质：正弦曲线保真度。一个正弦曲线信号输入后，输出的仍是正弦曲线，只有幅度和相位可能发生变化，但是频率和波的形状仍是一样的。且只有正弦曲线才拥有这样的性质，正因如此我们才不用方波或三角波来表示。

根据原信号的不同类型，我们可以把傅里叶变换分为四种类别：(1) 非周期性连续信号傅里叶变换（Fourier Transform）；(2) 周期性连续信号傅里叶级数（Fourier Series）;(3) 非周期性离散信号离散时域傅里叶变换（Discrete Time Fourier Transform）；(4) 周期性离散信号离散傅里叶变换（Discrete Fourier Transform）。

这四种傅里叶变换都是针对正无穷大和负无穷大的信号，即信号的的长度是无穷大的，我们知道这对于计算机处理来说是不可能的，那么有没有针对长度有限的傅里叶变换呢？没有。因为正余弦波被定义成从负无穷大到正无穷大，我们无法把一个长度无限的信号组合成长度有限的信号。面对这种困难，方法是把长度有限的信号表示成长度无限的信号，可以把信号无限地从左右进行延伸，延伸的部分用零来表示，这样，这个信号就可以被看成非周期性离解信号，我们就可以用到离散时域傅里叶变换的方法。还有，也可以把信号用复制的方法进行延伸，这样信号就变成了周期性离散信号，这时我们就可以用离散傅里叶变换方法进行变换。这里我们要学的是离散信号，对于连续信号我们不作讨论，因为计算机只能处理离散的数值信号，我们的最终目的是运用计算机来处理信号的。

但是对于非周期性的信号，我们需要用无穷多不同频率的正弦曲线来表示，这对于计算机来说是不可能实现的。所以对于离散信号的变换只有离散傅里叶变换（DFT）才能被适用，对于计算机来说只有离散的和有限长度的数据才能被处理，对于其他的变换类型只有在数学演算中才能用到，在计算机面前我们只能用 DFT 方法，后面我们要理解的也正是 DFT 方法。这里要理解的是我们使用周期性的信号目的是为了能够用数学方法来解决问题，至于考虑周期性信号是从哪里得到或怎样得到是无意义的。

每种傅里叶变换都分成实数和复数两种方法，对于实数方法是最好理解的，但是复数方法就相对复杂许多了，需要懂得有关复数的理论知识，不过，如果理解了实数离散傅里叶变换（realDFT），再去理解复数傅里叶就更容易了，所以我们先把复数的傅里叶放到一边去，先来理解实数傅里叶变换，在后面我们会先讲讲关于复数的基本理论，然后在理解了实数傅里叶变换的基础上再来理解复数傅里叶变换。

还有，这里我们所要说的变换（transform）虽然是数学意义上的变换，但跟函数变换是不同的，函数变换是符合一一映射准则的，对于离散数字信号处理（DSP），有许多的变换：傅里叶变换、拉普拉斯变换、Z 变换、希尔伯特变换、离散余弦变换等，这些都扩展了函数变换的定义，允许输入和输出有多种的值，简单地说变换就是把

一堆的数据变成另一堆的数据的方法。

傅里叶变换是数字信号处理领域一种很重要的算法。要知道傅里叶变换算法的意义,首先要了解傅里叶原理的意义。傅里叶原理表明:任何连续测量的时序或信号,都可以表示为不同频率的正弦波信号的无限叠加。而根据该原理创立的傅里叶变换算法利用直接测量到的原始信号，以累加方式来计算该信号中不同正弦波信号的频率、振幅和相位。和傅里叶变换算法对应的是反傅里叶变换算法。该反变换从本质上说也是一种累加处理，这样就可以将单独改变的正弦波信号转换成一个信号。因此，可以说，傅里叶变换将原来难以处理的时域信号转换成了易于分析的频域信号（信号的频谱），可以利用一些工具对这些频域信号进行处理、加工。最后还可以利用傅里叶反变换将这些频域信号转换成时域信号。

从现代数学的眼光来看，傅里叶变换是一种特殊的积分变换。它能将满足一定条件的某个函数表示成正弦基函数的线性组合或者积分。在不同的研究领域，傅里叶变换具有多种不同的变体形式，如连续傅里叶变换和离散傅里叶变换。

在数学领域，尽管最初傅里叶分析是作为热过程的解析、分析的工具，但是其思想方法仍然具有典型的还原论和分析主义的特征。“任意”的函数通过一定的分解，都能够表示为正弦函数的线性组合的形式，而正弦函数在物理上是被充分研究而且相对简单的函数类：1. 傅里叶变换是线性算子，若赋予适当的范数，它还是酉算子；2. 傅里叶变换的逆变换容易求出，而且形式与正变换非常类似；3. 正弦基函数是微分运算的本征函数，从而使得线性微分方程的求解可以转化为常系数的代数方程的求解。在线性时不变杂的卷积运算为简单的乘积运算，从而提供了计算卷积的一种简单手段；4. 离散形式的傅里叶的物理系统内，频率是个不变的性质，从而系统对于复杂激励的响应可以通过组合其对不同频率正弦信号的响应来获取；5. 著名的卷积定理指出：傅里叶变换可以化复变换可以利用数字计算机快速的算出【其算法称为快速傅里叶变换算法（FFT）】。

正是由于上述的良好性质，傅里叶变换在物理学、数论、组合数学、信号处理、概率、统计、密码学、声学、光学等领域都有着广泛的应用。

图像的频率是表征图像中灰度变化剧烈程度的指标，是灰度在平面空间上的梯度。例如，大面积的沙漠在图像中是一片灰度变化缓慢的区域，对应的频率值很低；而对于地表属性变换剧烈的边缘区域在图像中是一片灰度变化剧烈的区域，对应的频率值较高。傅里叶变换在实际中有非常明显的物理意义，设 f 是一个能量有限的模拟信号，则其傅里叶变换就表示 f 的谱。从纯粹的数学意义上看，傅里叶变换是将一个函数转换为一系列周期函数来处理的。从物理效果上看，傅里叶变换是将图像从空间域转换到频率域，其逆变换是将图像从频率域转换到空间域。换句话说，傅里叶变换的物理意义是将图像的灰度分布函数变换为图像的频率分布函数，傅里叶逆变换是将图像的频率分布函数变换为灰度分布函数。

傅里叶变换以前，图像（未压缩的位图）是由对在连续空间（现实空间）上的采样得到一系列点的集合，我们习惯用一个二维矩阵表示空间上各点，则图像可由 z=f（x,y）来表示。由于空间是三维的，图像是二维的，因此空间中物体在另一个维度上的关系就由梯度来表示，这样我们可以通过观察图像得知物体在三维空间中的对应关系。为什么要提梯度？因为实际上对图像进行二维傅里叶变换得到频谱图，就是图像梯度的分布图，当然频谱图上的各点与图像上各点并不存在一一对应的关系，即使在不移频的情况下也是没有的。傅里叶频谱图上我们看到的明暗不一的亮点，实际上图像上某一点与邻域点差异的强弱，即梯度的大小，也即该点的频率的大小（可以这么理解，图像中的低频部分指低梯度的点，高频部分相反）。一般来讲，梯度大则该点的亮度强，否则该点亮度弱。这样通过观察傅里叶变换后的频谱图，也叫功率图，我们首先就可以看出，图像的能量分布，如果频谱图中暗的点数更多，那么实际图像是比较柔和的（因为各点与邻域差异都不大，梯度相对较小），反之，如果频谱图中亮的点数多，那么实际图像一定是尖锐、边界分明且边界两边像素差异较大的。对频谱移频到原点以后，可以看出图像的频率分布是以原点为圆心，对称分布的。将频谱移频到圆心除了可以清晰地看出图像频率分布以外，还有一个好处，它可以分离出有周期性规律的干扰信号，如正弦干扰，在一副带有正弦干扰、移频到原点的频谱图上可以看出：除了中心以外还存在以某一点为中心，对称分布的亮点集合，这个集合就是干扰噪声产生的，这时可以很直观地通过在该位置放置带阻滤波器消除干扰。

二、短时傅里叶变换

短时傅里叶变换（STFT，short-time Fouriertransform，或 short-term Fouriertransform）是和傅里叶变换相关的一种数学变换，用以确定时变信号其局部区域正弦波的频率与相位。

它的思想是：选择一个时频局部化的窗函数，假定分析窗函数 g（t）在一个短时间间隔内是平稳（伪平稳）的，移动窗函数，使 f（t）g（t）在不同的有限时间宽度内是平稳信号，从而计算出各个不同时刻的功率谱。短时傅里叶变换使用一个

固定的窗函数，窗函数一旦确定了以后，其形状就不再发生改变，短时傅里叶变换的分辨率也就确定了。如果要改变分辨率，则需要重新选择窗函数。短时傅里叶变换用来分析分段平稳信号或者近似平稳信号犹可，但是对于非平稳信号，当信号变化剧烈时，要求窗函数有较高的时间分辨率；而波形变化比较平缓的时刻，主要是低频信号，则要求窗函数有较高的频率分辨率。短时傅里叶变换不能兼顾频率与时间分辨率的需求。短时傅里叶变换窗函数受到 W.Heisenberg 不确定准则的限制，时频窗的面积不小于 2。这也就从另一个侧面说明了短时傅里叶变换窗函数的时间与频率分辨率不能同时达到最优。

三、双线性变换法

双线性变换法的主要优点是 S 平面与 Z 平面一单值对应，S 平面的虚轴（整个 jΩ）对应于 Z 平面单位圆的一周，S 平面的 Ω=0 处对应于 Z 平面的 ω=0 处，对应即数字滤波器的频率响应终止于折迭频率处，所以双线性变换不存在混迭效应。

脉冲响应不变法的主要缺点是频谱交叠产生的混淆，这是从 S 平面到 Z 平面的标准变换 z=e 的多值对应关系导致的，为了克服这一缺点，设想变换分为两步。第一步将整个 S 平面压缩到 S1 平面的一条横带里。第二步通过标准变换关系将此横带变换到整个 Z 平面上去。由此建立 S 平面与 Z 平面一一对应的单值关系，消除多值性，也就消除了混淆现象。为了将 s 平面的 jΩ 轴压缩到 s1 平面 jΩ 轴上的一段上，可通过以下的正切变换实现。这里 C 是待定常数，下面会讲到用不同的方法确定 C，可使模拟滤波器的频率特性与数字滤波器的频率特性在不同频率点有对应关系。

与脉冲响应不变法相比，双线性变换的主要优点：靠频率的严重非线性关系得到 S 平面与 Z 平面的单值一一对应关系，整个 jΩ 轴单值对应于单位圆一周，这个关系就是式所表示的，其中 ω 和 Ω 为非线性关系。在零频率附近，Ω－ω 接近于线性关系，Ω 进一步增加时，ω 增长变得缓慢，（ω 终止于折叠频率处），所以双线性变换不会出现由于高频部分超过折叠频率而混淆到低频部分去的现象。

双线性变换法的缺点：Ω 与 ω 的非线性关系，导致数字滤波器的幅频响应相对于模拟滤波器的幅频响应有畸变，（使数字滤波器与模拟滤波器在响应与频率的对应关系上发生畸变）。例如，一个模拟微分器，它的幅度与频率是线性关系，但通过双线性变换后，就不可能得到数字微分器。

另外，一个线性相位的模拟滤波器经双线性变换后，滤波器就不再有线性相位特性。虽然双线性变换有这样的缺点，但它目前仍是使用得最普遍、最有成效的一种设计工具。这是因为大多数滤波器都具有分段常数的频响特性，如低通、高通、带通和带阻等，它们在通带内要求逼近一个衰减为零的常数特性，在阻带部分要求逼近一个衰减为∞的常数特性，这种特性的滤波器通过双线性变换后，虽然频率发生了非线性变化，但其幅频特性仍保持分段常数的特性。

双线性变换比脉冲响应法的设计计算更直接和简单。由于 s 与 z 之间的简单代数关系，所以从模拟传递函数可直接通过代数置换得到数字滤波器的传递函数。这些都比脉冲响应不变法的部分分式分解便捷得多，一般情况下，当着眼于滤波器的时域瞬态响应时，采用脉冲响应不变法较好，而在其他情况下，对于 IIR 的设计，大多采用双线性变换。

四、小波变换

小波变换（wavelettransform，WT）是一种新的变换分析方法，它继承和发展了短时傅里叶变换局部化的思想，同时又克服了窗口大小不随频率变化等缺点，能够提供一个随频率改变的“时间—频率”窗口，是进行信号时频分析和处理的理想工具。它的主要特点是通过变换能够充分突出问题某些方面的特征，能对时间（空间）频率的局部化分析，通过伸缩平移运算对信号（函数）逐步进行多尺度细化，最终达到高频处时间细分，低频处频率细分，能自动适应时频信号分析的要求，从而可聚焦到信号的任意细节，解决了 Fourier 变换的困难问题，成为继 Fourier 变换以来在科学方法上的重大突破。

传统的信号理论，是建立在 Fourier 分析基础上的，而 Fourier 变换作为一种全局性的变化，其有一定的局限性，如不具备局部化分析能力、不能分析非平稳信号等。在实际应用中，人们开始对 Fourier 变换进行各种改进，以改善这种局限性，如 STFT（短时傅里叶变换）。由于 STFT 采用的的滑动窗函数一经选定就固定不变，故决定了其时频分辨率固定不变，不具备自适应能力，而小波分析很好地解决了这个问题。小波分析是一种新兴的数学分支，它是泛函数、Fourier 分析、调和分析、数值分析的最完美的结晶；在应用领域，特别是在信号处理、图像处理、语音处理以及众多非线性科学领域，它被认为是继 Fourier 分析之后的又一有效的时频分析方法。小波变换与 Fourier 变换相比，是一个时间和频域的局域变换，因而能有效地从信号中提取信息，通过伸缩和平移等运算功能对函数或信号进行多尺度细化分析

（MultiscaleAnalysis），解决了 Fourier 变换不能解决的许多困难问题。

法国从事石油信号处理的工程师 J.Morlet 在 1974 年首先提出的，通过物理的直观和信号处理的实际需要经验建立了反演公式，当时未能得到数学家的认可。正如 1807 年法国的热学工程师 J.B.J.Fourier 提出任一函数都能展开成三角函数的无穷级数的创新概念未能得到认可一样。幸运的是，早在 20 世纪 70 年代，A.Calderon 表示定理的发现、Hardy 空间的原子分解和无条件基的深入研究为小波变换的诞生作了理论上的准备，而且 J.O.Stromberg 还构造了历史上非常类似于现在的小波基；1986 年著名数学家 Y.Meyer 偶然构造出一个真正的小波基，并与 S.Mallat 合作建立了构造小波基的统一方法——多尺度分析，之后小波分析才开始蓬勃发展起来，其中比利时女数学家 I.Daubechies 撰写的《小波十讲（TenLecturesonWavelets）》对小波的普及起了重要的推动作用。小波变换与 Fourier 变换、视窗 Fourier 变换（Gabor 变换）相比，具有良好的时频局部化特性，能有效地从信号中提取资讯，因而小波变化被誉为"数学显微镜"，它是调和分析发展史上里程碑式的进展。

与 Fourier 变换相比，小波变换是空间（时间）和频率的局部变换，因而能有效地从信号中提取信息。通过伸缩和平移等运算功能可对函数或信号进行多尺度的细化分析，解决了 Fourier 变换不能解决的许多困难问题。小波变换联系了应用数学、物理学、计算机科学、信号与信息处理、图像处理、地震勘探等多个学科。数学家认为，小波分析是一个新的数学分支，它是泛函分析、Fourier 分析、样条分析、数值分析的完美结晶；信号和信息处理专家认为，小波分析是时间—尺度分析和多分辨分析的一种新技术，它在信号分析、语音合成、图像识别、计算机视觉、数据压缩、地震勘探、大气与海洋波分析等方面的研究都取得了有科学意义和应用价值的成果。信号分析的主要目的是寻找一种简单有效的信号变换方法，使信号所包含的重要信息能显现出来。小波分析属于信号时频分析的一种，在小波分析出现之前，傅里叶变换是信号处理领域应用最广泛、效果最好的一种分析手段。傅里叶变换是时域到频域互相转化的工具，从物理意义上讲，傅里叶变换的实质是把这个波形分解成不同频率的正弦波的叠加和。正是傅里叶变换的这种重要的物理意义，决定了傅里叶变换在信号分析和信号处理中的独特地位。傅里叶变换利用在两个方向上都无限伸展的正弦曲线波作为正交基函数，把周期函数展成傅里叶级数，把非周期函数展成傅里叶积分，利用傅里叶变换对函数作频谱分析，反映了整个信号的时间频谱特性，较好地揭示了平稳信号的特征。

小波变换是一种新的变换分析方法，它继承和发展了短时傅里叶变换局部化的思想，同时又克服了窗口大小不随频率变化等缺点，能够提供一个随频率改变的"时间—频率”窗口，是进行信号时频分析和处理的理想工具。它的主要特点是通过变换能够充分突出问题某些方面的特征，因此小波变换在许多领域都得到了成功的应用，特别是小波变换的离散数字算法已被广泛用于许多问题的变换研究中。从此，小波变换越来越引起人们的重视，其应用领域也越来越广泛。

小波分析的应用是与小波分析的理论研究紧密地结合在一起的。现在，它已经在科技信息产业领域取得了令人瞩目的成就。电子信息技术是六大高新技术中重要的一个领域，它的重要方面是图像和信号处理。现今，信号处理已经成为当代科学技术工作的重要部分，信号处理的目的就是：准确地分析、诊断、编码压缩和量化，快速传递或存储，精确地重构（或恢复）。从数学的角度来看，信号与图像处理可以统一看作是信号处理（图像可以看作二维信号），小波分析的许多分析和应用问题，都可以归结为信号处理问题。现在，对于其性质随时间是稳定不变的信号（平稳随机过程），处理的理想工具仍然是傅里叶分析。但是在实际应用中的绝大多数信号是非稳定的（非平稳随机过程），而特别适用于非稳定信号的工具就是小波分析。

事实上小波分析的应用领域十分广泛，它包括：数学领域的许多学科；信号分析、图像处理；量子力学、理论物理；军事电子对抗与武器的智能化；计算机分类与识别；音乐与语言的人工合成；医学成像与诊断；地震勘探数据处理；大型机械的故障诊断等方面；例如，在数学方面，它已用于数值分析、构造快速数值方法、曲线曲面构造、微分方程求解、控制论等；在信号分析方面，滤波、去噪声、压缩、传递等；在图像处理方面的图像压缩、分类、识别与诊断、去污等。在医学成像方面，减少B超、CT、核磁共振成像的时间，提高分辨率等。

小波分析用于信号与图像压缩是小波分析应用的一个重要方面。它的特点是压缩比高，压缩速度快，压缩后能保持信号与图像的特征不变，且在传递中可以抗干扰。基于小波分析的压缩方法很多，比较成功的有小波包最好基方法，小波域纹理模型方法，小波变换零树压缩，小波变换向量压缩等。

小波在信号分析中的应用也十分广泛。它可以用于边界的处理与滤波、时频分析、信噪分离与提取弱信号、求分形指数、信号的识别与诊断以及多尺度边缘检测等。在工程技术等方面的应用，包括计算机视觉、计算机图形学、曲线设计、湍流、远程宇宙的研究与生物医学方面。

从图像处理的角度看，小波变换存在以下几个优点：（1）小波分解可以覆盖整个频域（提供了一个数学上完备的描述）。（2）小波变换通过选取合适的滤波器，可以极大地减小或去除所提取的不同特征之间的相关性。（3）小波变换具有“变焦”特性，在低频段可用高频率分辨率和低时间分辨率（宽分析窗口），在高频段可用

低频率分辨率和高时间分辨率(窄分析窗口)。(4)小波变换实现上有快速算法(Mallat小波分解算法)。

五、希尔伯特黄变换

1998年，NordenE.Huang(黄锷：中国台湾海洋学家)等人提出了经验模态分解方法，并引入了Hilbert谱的概念和Hilbert谱分析的方法，美国国家航空和宇航局(NASA)将这一方法命名为Hilbert–HuangTransform，简称HHT，即希尔伯特—黄变换。

HHT主要内容包含两部分，第一部分为经验模态分解(EmpiricalModeDecomposition，简称EMD)，它是由Huang提出的；第二部分为Hilbert谱分析(HilbertSpectrumAnalysis，简称HSA)。简单来说，HHT处理非平稳信号的基本过程是：首先利用EMD方法将给定的信号分解为若干固有模态函数(以IntrinsicModeFunction或IMF表示，也称作本征模态函数)，这些IMF是满足一定条件的分量；然后，对每一个IMF进行Hilbert变换，得到相应的Hilbert谱，即将每个IMF表示在联合的时频域中；最后，汇总所有IMF的Hilbert谱就会得到原始信号的Hilbert谱。

与传统的信号或数据处理方法相比，HHT具有如下特点：传统的数据处理方法，如傅里叶变换只能处理线性非平稳的信号，小波变换虽然在理论上能处理非线性非平稳信号，但在实际算法实现中却只能处理线性非平稳信号。历史上还出现过不少信号处理方法，然而它们不是受线性束缚，就是受平稳性束缚，并不能在完全意义上处理非线性非平稳信号。HHT则不同于这些传统方法，它彻底摆脱了线性和平稳性的束缚，其适用于分析非线性非平稳信号。

HHT能够自适应产生“基”，即由“筛选”过程产生的IMF。这点不同于傅里叶变换和小波变换。傅里叶变换的基是三角函数，小波变换的基是满足“可容性条件”的小波基，小波基也是预先选定的。在实际工程中，如何选择小波基不是一件容易的事，选择不同的小波基可能产生不同的处理结果。我们也没有理由认为所选的小波基能够反映被分析数据或信号的特性。

傅里叶变换、短时傅里叶变换、小波变换都受Heisenberg测不准原理制约，即时间窗口与频率窗口的乘积为一个常数。这就意味着如果要提高时间精度就得牺牲频率精度，反之亦然，故不能在时间和频率上同时达到很高的精度，这就给信号分析处理带来一定的不便。而HHT不受Heisenberg测不准原理制约，它可以在时间和频率上同时达到很高的精度，这使它非常适用于分析突变信号。

傅里叶变换、短时傅里叶变换、小波变换有一个共同的特点，就是预先选择基函数，其计算方式是通过与基函数的卷积产生的。HHT 不同于这些方法，它借助 Hilbert 变换求得相位函数，再对相位函数求导产生瞬时频率。这样求出的瞬时频率是局部性的，而傅里叶变换的频率是全局性的，小波变换的频率是区域性的。

六、平稳信号和非平稳信号

平稳信号分严平稳和宽平稳，严平稳的条件在信号处理中太严格，不实用，一般所说的平稳是指宽平稳，即其一阶矩为常数，二阶矩与信号时间的起始点无关，只和起始时间差有关。既不平稳又不宽平稳的信号是非平稳信号。在统计信号处理中对确定信号的定义是说信号中不含随机量。用统计的方法对信号处理是因为信号中含有随机量，如果是一个确定性信号，就不必用统计的方法处理了。

非平稳信号是指分布参数或者分布规律随时间发生变化的信号。平稳和非平稳都是针对随机信号说的，一般的分析方法有时域分析、频域分析、时频联合分析。

非平稳随机信号的统计特征是时间的函数。与平稳随机信号的统计描述相似，传统上使用概率与数字特征来描述，工程上多用相关函数与时变功率谱来描述，近年来还发展了用时变参数信号模拟描述的方法。此外，还需根据问题的具体特征规定一些描述方法。目前，非平稳随机信号还很难有统一而完整的描述方法。

第十章　总　结

由于通信行业的快速发展，现各行业对无线电通信技术的应用更加普遍。无线电通信在高科技信息化时代拥有更大的发展机会。本文主要从无线电波的来源开始，对无线电通信技术目前的情况及其未来的创新进行了论述。

无线电通信技术是目前运用最广泛的信息技术，人们可以通过无线网络进行相互之间的情感交流，其也运用在其他很多地方，如气象、国防、生产和生活等方面。无线电通信技术在当今讯息和网络技能逐渐进步和迅速成长的同时，也逐渐暴露出其在运用中所产生的疑问，技能上的缺陷不但会影响通信，而且会耽误我们的生活，所以当务之急，必须革新无线电通信技术。

随着社会经济的快速发展，各种技术手段和通信技术方式也在快速地发展和推进。为达到遥控、遥感和遥测技能，信息远程操纵技能借助生活中对应的技术手段和控制方式对无线通信技术进行运用。现在由于微电子技术渐渐成长，也带动了无线通信的急速成长，成为一种不能够缺少的工具，不仅为计算机的推陈出新提供了机会，而且改进了信息技术的处理方式，加大了电子计算机的处理功能。

无线电通信技术借助无线电磁波为媒介进行传达，利用相关的方式实现分析和控制。用信息处理技术作为重心，用计算机和通信技术作为支柱的技术系统的总称，是所有技术互相归纳运用的成果。是现在社会发展中，通信技术和电子计算机密切联结的象征。

到现在为止，无线电通信技术具有不可限量的潜力，在各个领域中，如气象、国防、生产和生活都对无线电通信技术有前所未有的需要。相对于有线电通信，无线电通信具备更多的优势，首先他不用架设传输线路线，不受传输距离的约束、能传输更远的距离，并且可以灵活通信。

讯息的宽带化对光纤传输技术和高通透量网络的成长起到了重要作用，特别是现在已经在世界范围内全面展开，无线通信技术已经向无线接入宽带化的方向发展，就无线电通信信号源的稳定性来说，这个方向很重要。

技能上的融合可实现稳固式与别的通信等各业务的结合，而无线应用协议产生后，无线数据业务的进步获得了很大的增进，推进了信息网络传输多个业务信息的进步。伴随市场竞争需求的提高，老式的电信网络和创新的电脑网络结合，特别是具有研发潜力的接入网络经过固定连接、移动蜂窝连接，就符合了生活和生产地的众多通信需要。

在全球个人通信中，个人信息化已在快速地进步着。个人信息化可以有效降低传送线路的信息量阻塞，大大加快了通信的传播速率。

对于过渡电路交换网络来说，IP 网络是其中心的重要技能，是最适宜的选取对象，在维持通信顺畅层面，电路交换网络处理数据水平的大幅度提高解决了信号容易被干扰的难题。

增强体系频谱资源的使用率，保持信号可以稳固，预防通信信号遭受扰乱，使体系的通信容量增多，供给话音、图像与数据等多项通信服务，保证用户资料的安全性。

无线通信技术的种类使他们在一些方面存在很多差异，主要表现在覆盖范围、使用领域、传输速率、技术水平等方面，但是也都有自身的优势和不足。因此，把不同的无线通信技术有机地融合起来，构成一体化的无线通信网络，达到优势互补的目的，从而提高无线通信技术的服务水平与服务领域，为人类社会带来更多的便捷。

现阶段，3G 技术在完善，4G 技术也渐渐地的被人们所使用。第三代移动通信技术，称为多媒体移动通信技术（3G），在高速移动环境中支持 144kb/s 的传输速率，步行慢速移动环境中支持 384kb/s，静止状态下支持 2Mb/s。3G 传输语音和数据的速度也得到了很大的提升，能够在全球范围内实现无线漫游，能够更好地处理图像、音乐、视频流等多种媒体形式，从而提供多种服务，主要包括网页浏览、电话会议、电子商务等多种信息服务。第四代移动通信技术，为宽带接入和分布网络，具有非对称的超过 2Mb/s 的数据传输能力，对全速移动用户能提供 150Mb/s 的高质量影像服务，将首次实现三维图像的高质量传输。4G 将是多功能集成的宽带移动通信系统也是宽带接入 IP 系统。它很好地融合了现有 3G 的增强技术，集 3G 网络技术和无线 WLAN 系统为一体。与传统的通信技术相比 4G 通信技术最明显的优势在于通话质量及数据通信速度。随着社会的发展，该技术在社会上的各种应用范围也是越来越大，使用用户也会日益增多。我国必须立足实际，充分借鉴西方发达国家在此领域的成功经验，不断推动通信技术的发展。

将这两个相结合，能够扩大无线通信技术的覆盖范围，并极大提高无线通信技术的数据传输速率。宽带无线接入技术基本应用于固定环境中的高速接入。要实现两种技术的融合，开发商应充分结合二者的技术特性以及应用范围，实现二者的有机结合，达到优势互补、资源整合的目的。

就 NGN 技术的发展趋势而言，固定网络会朝着信息化、高宽带化的信息通信方向发展。因此，基于这一发展背景，无线通信技术的相关传输方式便会得到广泛的应用，从而促进 NGN 技术的发展。实现系统化的技术整合，促进固定无线通信技术一体化的形成，充分发挥出不同无线通信技术的优势作用。不过，这个发展趋势要经历极为漫长的过程，需要在技术、资金、人力方面的投入。

综上所述，随着科技与经济的发展，无线通信技术将会是人们生活中非常重要的一部分，社会的不断要求需要无线通信技术自身不断的发展，从而能够更好地为人们提供服务，使人们的生活更加方便、快捷。

信号处理的本质是信息的变换和提取，是将信息从各种噪声、干扰的环境中提取出来，并变换为一种便于为人或机器所使用的形式。从某种意义上说，信号处理类似于“沙里淘金”的过程：它并不能增加信息量（即不能增加金子的含量），但是可以把信息（即金子）从各种噪声、干扰的环境中（即散落在沙子中）提取出来，变换成可以利用的形式（如金条等）。如果不进行这样的变换，信息虽然存在，但却是无法利用的，这正如散落在沙中的金子无法直接利用一样。

高速实时信号处理是信号处理中的一个特殊分支。它的主要特点是高速处理和实时处理，被广泛应用在工业和军事的关键领域，如对雷达信号的处理、对通信基站信号的处理等。高速实时信号处理技术除了核心的高速 DSP 技术外，还包括很多外围技术，如 ADC、DAC 等外围器件技术、系统总线技术等。

现在，各式无线电通信技能已被被大量使用在国防、天气、科学、生产、生活等领域。如今的无线电通信技能已成为我们生活中的一种模式，其进步空间是广阔的。在我们国家人们对于无线电的使用正处在发展状态，因此不仅要加大力度发展上述无线电通信技术，而且要把这个技术引进更大的空间。现在接触软件的人越来越多，在软件上加入无线电通信技术是以后进步的情况。除此之外，数字技术在无线电通信领域的运用将会给我们的生活带来更大的惊喜。

综上所述，在现代社会的经济条件下，只有正确运用无线电通信技术，才能推进我国社会主义现代化建设的发展。由于中国人口太多，无线电通信技能的运用在很多偏远山区还无法使用。由于利益的诱惑，经销商乱用无线电通信技能，根本不考虑后果。在这个领域这些都是急需解决的难题。无线电通信技术的发展需靠广大人民群众的支持。所以，我们要把人民群众利益放在首位，发现个人潜力，大力钻研和创新无线电通信技术新思路，把无线电通信技术发展到一个新高度。